盐碱地

常见经济植物栽培模式

◎王 婧 逄焕成 王志春 著

中国农业科学技术出版社

图书在版编目（CIP）数据

盐碱地常见经济植物栽培模式／王婧，逢焕成，王志春著 . —北京：中国农业科学技术出版社，2020.5

ISBN 978-7-5116-4677-4

Ⅰ.①盐… Ⅱ.①王…②逢…③王… Ⅲ.①盐碱地-经济植物-栽培技术 Ⅳ.①S56

中国版本图书馆 CIP 数据核字（2020）第 055601 号

责任编辑	贺可香
责任校对	贾海霞

出 版 者	中国农业科学技术出版社	
	北京市中关村南大街 12 号　邮编：100081	
电　　话	（010）82106626（编辑室）　　（010）82109702（发行部）	
	（010）82109709（读者服务部）	
传　　真	（010）82106650	
网　　址	http://www.castp.cn	
经 销 者	全国各地新华书店	
印 刷 者	北京建宏印刷有限公司	
开　　本	710mm×1 000mm　1/16	
印　　张	12.75　彩页　8 面	
字　　数	232 千字	
版　　次	2020 年 5 月第 1 版　2020 年 5 月第 1 次印刷	
定　　价	68.00 元	

本书由国家科技基础性工作专项项目
中国北方内陆盐碱地植物种质资源调查及数据库构建
（2015FY110500）
专题：河套平原及鄂尔多斯高原盐碱地植物种质资源调查
（2015FY110500-07）
资助

《盐碱地常见经济植物栽培模式》
著者名单

主　　著　王　婧　逄焕成　王志春

副主著　李玉义　赵永敢　何志斌　张　莉
　　　　　李　华

著者名单（按姓氏笔画排序）

马红媛　于　茹　王永庆　王国丽

卢　闯　丛　萍　仲生柱　刘　娜

闫　洪　安丰华　杜　军　杨　帆

李二珍　宋佳坤　张宏媛　张晓丽

张珺穜　侯智惠　常芳弟　董建新

靳存旺　翟　振

前　　言

我国盐碱土地资源总量近 1 亿公顷，主要分布在西北、华北、东北以及长江以北沿海地带等 17 个省（区）。盐碱地属于特殊生态环境，蕴藏着具有独特生态功能和重要经济功能的植物种质资源。盐碱地植物是陆地生态系统物种宝库的重要组成部分，是适应盐渍土壤环境的一种天然植物类别，对维持生态系统生物多样性和生态平衡具有重要作用。其中，盐生植物是耐盐碱能力最强的物种，是盐碱地生态修复的先锋植物；许多耐盐碱能力低于盐生植物的耐盐碱植物也具有重要利用价值。我国盐碱地植物资源丰富，种类约占世界盐生植物的 1/5。研究发现，在我国 500 多种盐碱地植物中，有相当一部分具有重要经济价值，其中不少品种可以作为粮食、蔬菜、油料、饲料、牧草、医药、化工、薪柴、纤维、食品加工原料等。

随着日趋严重的人口增长、资源短缺、粮食不足和环境恶化问题，人类开始重视对盐渍土资源的开发利用，盐碱植物种质资源开发及利用潜力巨大。盐生植物和耐盐碱植物在盐碱地生态恢复和盐碱土生物改良方面具有重要作用，是盐碱地生物改良的物质基础，筛选、培育、栽培盐碱地植物可以为盐碱地改良提供新途径。人工筛选和种植盐碱地植物，可以增加植被盖度，减少地面蒸发，抑制土壤返盐，逐步使退化的盐碱地得到恢复。利用盐碱植物改良盐碱地具有投入成本低、次生盐渍化风险小、可持续等其他改良措施无法比拟的优势。在实行全面协调可持续发展和进行生态修复的今天，加深对盐碱植物自身资源价值的认知，利用盐碱植物改良盐碱地，遏制干旱区土地盐渍化，是解决我国区域资源和生态环境问题的迫切需求。

盐碱地植物被广泛用于经济植被建设、植被恢复与生态建设等方面。我国在盐碱地植物利用方面取得了卓有成效的进展，山东师范大学先后从国内外引种、筛选、驯化了 80 多种有经济价值的盐生植物和耐盐植物。海南大学将盐生植物红树的基因导入茄子、辣椒，获得了可耐海水灌溉、耐盐能力增强的后代。我国从浙江沿海筛选的,可在滩涂种植或用海水灌溉的海芦笋、珊瑚菜等,已实现了规模化生产。中国科学院东北地理与农业生态研究所实现了重度盐碱地 3~5 年快速恢复顶级羊草植被的治理目标。南京大学引种的耐盐植物大米草,在固滩护岸、改良盐碱地、渔业养殖等方面起了良好的作用。内蒙古利用野生植物盐蒿改良盐碱地也取得了极为显著的成效。

植物新种类、新品种的选育与栽培技术的成熟是盐碱地植物推广应用的两项重要支撑。在实际生产中,栽培管理粗放、效益低下一直是制约因素,盐碱区种植户在引种盐碱地植物时,无法得到有效的技术指导,导致盐碱地植物种植的发展长期滞后。本书得到了科技基础性工作专项项目"中国北方内陆盐碱地植物种质资源调查及数据库构建(2015FY110500)"及其专题"河套平原及鄂尔多斯高原盐碱地植物种质资源调查(2015FY110500-07)"的资助,分食用、药用、牧用、能源、纤维、园林绿化与生态共六种用途,筛选盐碱栽培常见的 60 种经济植物,整理其栽培模式,旨在推广盐碱地植物的种植利用,推动地区特色农业发展,促进农民增收。

本书由中国农业科学院农业资源与农业区划研究所的王婧、逄焕成,中国科学院东北地理与农业生态研究所王志春负责总体设计,并与中国农业科学院农业资源与农业区划研究所李玉义、李华,清华大学赵永敢,中国科学院寒区旱区环境与工程研究所何志斌,信阳农林学院张莉共同负责,带领 20 余位著者分工执笔撰稿,并由信阳农林学院张莉负责统稿。

由于作者水平有限,本书不足难免,恳请批评指正!

著者

目　　录

食用植物 …………………………………………………（1）

　碱　蓬 ………………………………………………………（3）

　蒙古韭（沙葱）……………………………………………（6）

　冰　菜 ………………………………………………………（10）

　地　肤 ………………………………………………………（12）

　沙　蓬 ………………………………………………………（14）

　猪毛菜 ………………………………………………………（16）

　苣荬菜 ………………………………………………………（18）

　蒲公英 ………………………………………………………（21）

　千屈菜 ………………………………………………………（24）

　沙　枣 ………………………………………………………（27）

药用植物 …………………………………………………（31）

　白　刺 ………………………………………………………（33）

　苦豆子 ………………………………………………………（36）

　骆驼蓬 ………………………………………………………（38）

　柽　柳 ………………………………………………………（40）

　枸　杞 ………………………………………………………（42）

　黑果枸杞 ……………………………………………………（44）

　苦荞麦 ………………………………………………………（48）

　紫花地丁 ……………………………………………………（50）

　车　前 ………………………………………………………（52）

　草决明 ………………………………………………………（55）

　食用菊花 ……………………………………………………（57）

　肉苁蓉 ………………………………………………………（61）

锁　阳 ………………………………………………………… (64)

玄　参 ………………………………………………………… (66)

远　志 ………………………………………………………… (69)

黄　芪 ………………………………………………………… (73)

河套大黄 ……………………………………………………… (76)

乌拉尔甘草 …………………………………………………… (79)

红　花 ………………………………………………………… (84)

板蓝根 ………………………………………………………… (86)

龙芽草 ………………………………………………………… (88)

蛇　莓 ………………………………………………………… (90)

青　蒿 ………………………………………………………… (92)

罗布麻 ………………………………………………………… (95)

饲用植物 …………………………………………………… (97)

沙打旺 ………………………………………………………… (99)

羊　草 ………………………………………………………… (102)

田　菁 ………………………………………………………… (104)

披碱草 ………………………………………………………… (106)

马　蔺 ………………………………………………………… (108)

谷　稗 ………………………………………………………… (110)

毛苕子 ………………………………………………………… (112)

苜　蓿 ………………………………………………………… (114)

籽粒苋 ………………………………………………………… (117)

沙　蒿 ………………………………………………………… (119)

四翅滨藜 ……………………………………………………… (121)

胡枝子 ………………………………………………………… (124)

柠　条 ………………………………………………………… (126)

紫穗槐 ………………………………………………………… (129)

碱　茅 ………………………………………………………… (133)

能源植物 …………………………………………………… (135)

文冠果 ………………………………………………………… (137)

盐角草 ………………………………………………………… (140)

编织植物 ·· （143）

  杞　柳 ·· （145）

园林观赏与生态植物 ·· （149）

  蜀　葵 ·· （151）

  万寿菊 ·· （154）

  醉鱼草 ·· （157）

  白蜡树 ·· （159）

  红王子锦带 ··· （162）

  刺　槐 ·· （166）

  胡　杨 ·· （169）

  梭　梭 ·· （172）

参考文献 ·· （175）

食用植物

碱 蓬

碱蓬，藜科，碱蓬属，一年生草本植物。

经济价值：碱蓬具有食用、药用、饲用、生态绿化等多种经济价值，以食用最为常见。碱蓬嫩苗味道鲜美，营养丰富，富含脂肪、蛋白质、粗纤维、矿物质、微量元素和多种维生素；碱蓬籽油是一种高级食用油；碱蓬色素为水溶性花青素类色素，可作为天然食用色素；碱蓬籽油精制后的共轭亚油酸是一种高级保健品，具有防止血栓形成，抗肿瘤，抗动脉粥样硬化，抗氧化，降低体内脂肪，增加肌肉等作用；碱蓬植株及种子提取油脂后的渣粕是很好的饲料。

适应性：碱蓬多生长于海滨、荒地、渠岸、田边等含盐碱的土壤上。抗逆性强，耐盐、耐湿、耐瘠薄，在氯化钠含量 0.03%～0.36% 的土壤上能正常开花结实。在河谷、渠边潮湿地段和土壤极其瘠薄的盐滩光板地均能正常生长发育。

栽培技术要点：

1. 选地清沟

宜选择土壤湿润、排水性能良好的沙土或沙、壤土的地块，以 pH 值为 8.5～9.5、土壤盐分以 0.3%～1.0% 为宜。应挖好田间灌排沟，确保水系畅通，能灌能排。

2. 整地施基肥

播前 5～7d，结合整地施用基肥，肥料以有机肥为主，每亩（1 亩 ≈ 667m^2。全书同）施腐熟的人畜粪农家肥 2 000～3 000kg，或灰杂肥 3 000～4 000kg，或饼肥 150～200kg、磷肥 30～50kg，或腐熟饼肥 200kg、三元复合肥 50kg，施肥后翻挖或耕翻田块，深 20cm，充分耙匀，然后作畦，可整成宽 1m，长 10m 左右的小畦，畦高 20cm，沟宽 30cm。将土耙细整平，播前 1～2d 用喷壶均匀喷水一次，以提高土壤湿度。

3. 选种催芽

选择上年收获的优质、高产、无病虫害、饱满的籽粒作种子，播前精选。在播前用 500mg/L 的高锰酸钾溶液浸种 20min 后，换清水浸种 4h，以催芽促生。

4. 播种

播种时间可根据温度选择，一般可选择在 3—5 月。每亩用种量根据播种方式选择，沟播较低，撒播较多，一般为 750~1 500g。用尖嘴锄开 1~2mm 深的浅沟，行距 10cm，用细沙或过筛细土拌种，均匀捻播，播种后盖土 3cm，然后压实畦面，以利保墒出苗。如温度低，可覆地膜，3~4d 幼苗出土后，即撤去地膜。

5. 间苗移苗

碱蓬出苗一般，不易整齐，出苗后应及时间苗、移苗，间苗时应注意去杂去劣，去小留大，去弱留壮。出苗不足时不可从苗较多的地方移弱苗补充。当幼苗有 6 片真叶时，及时疏苗，株距 5~6cm，同时拔除杂草，间苗后 2~3d，喷一次 0.3%的尿素溶液。

6. 田间管理

（1）肥水管理　除施足基肥外，在生长期间还需进行追肥，具体方法为：一般在 4 月下旬至 5 月初，幼苗高度在 15~20cm 时，进行追肥，以促进茎叶旺盛生长，每亩施用尿素 15kg 和腐熟人畜粪农家肥 1 000kg 左右，兑水稀释后，均匀施入碱蓬行中。

（2）中耕锄草　碱蓬生长期间应及时中耕松土除草。第一次在全苗后一周内；第二次在苗高 20cm 左右时进行。

（3）病虫防治　露天碱蓬在生长过程中病虫害发生较少，一般不需要进行化学防治。7 月上旬至 8 月，植株上如结有蜘蛛网，需用扫帚在植株顶部轻轻扫过，即可清除。

7. 适时采收上市

碱蓬采收一般在 5 月上旬至 8 月下旬，采摘鲜嫩幼梢 10~15cm 上市，以人工手摘采收为主，采摘的鲜菜及时用塑料袋包装防失水，并要装入纸箱，防止在贮藏及运输途中挤压变形，影响外观品质。采收中应注意碱蓬的再生保护，采后 2~3d 浇薄粪水或亩施尿素 10kg，促进再生分枝，可多次采收。

8. 采种留种

选择生长旺盛、生长一致的碱蓬为留种田块，从 6 月初停止采摘新嫩茎叶，适时早收，防止脱落。碱蓬 8 月下旬开始大量开花，9—10 月结籽，10 月下旬至 11 月上旬收割，晾晒。碱蓬种子由下往上依次成熟，成熟后的种子易脱落，要适时收获。

蒙古韭（沙葱）

蒙古韭（沙葱），百合科，葱属，多年生草本植物，又名蒙古葱、野葱、山葱等。

经济价值：蒙古韭具有食用、药用、饲用、生态等多种经济价值，以食用最为常见。蒙古韭叶及花可做新鲜蔬菜、腌制食品、调味品；全草入药，主治痢疾、秃疮、冻疮等；植株为各种牲畜喜食，是优等饲用植物；也可做荒漠生态植物。

适应性：蒙古韭属长日照喜光植物，具有耐风蚀、耐干旱、抗寒、耐瘠薄、耐轻度盐碱的特点，生长发育要求较低的空气湿度（30%～50%）和通透性较强的湿润土壤。

栽培技术要点：

1. 选地

可选择具有灌溉条件的沙壤土或其他类型土壤，进行覆沙翻耕，使土地的透气性改善，最好选平整、开阔、通风、光照充足、排灌水方便、沙层厚度在20cm以上，纯沙达到80%以上的沙地。

2. 整地施肥

一般在秋茬作物收获后，深耕晒土，浇足冬水，耙糖平整。结合整地每亩施优质农家肥1 500～2 000kg，过磷酸钙50～100kg或20kg复合肥做基肥，翻耕30～40cm，整细耙平。到立春解冻后，浅耕耙趟，起垄。垄高5～10cm，宽40cm，沟宽20cm，再在垄上盖5cm厚的细沙，增加通透性，以利生根。结合整地，种植前暴晒10d进行土壤消毒、杀虫、灭菌，并为了灌水和管理方便，将地块按地形做成一定规格的小区。

3. 种植

(1) 种子直播　种子直播主要在4月下旬至5月底为宜。尽量避免6—7

月高温季节播种，以免影响发芽率。播种方式有条播、穴播、机播等。播前浇足水，待沙土墒情适宜，即用手捏时，指缝间无滴水现象，松开后，手掌湿润，即可播种。条播是用小铲在整理好的试验地上开 3cm 深，10cm 宽的条沟，沟底平整，行距 20cm，将种子均匀撒播在条沟内，每亩播种量 3kg，并用脚踩压后，覆沙 2cm，灌水。穴播是按规定的株行距（5cm×10cm、10cm×10cm、10cm×15cm）开穴，每穴点播 3~5 粒种子，每亩适宜播种量 2.5kg，播深不得超过 5cm，最佳深度为 3cm，过深过浅都不利于出苗。大面积种植沙方法是采用机械播种，亩用种子 5~6kg，播种深度 2~3cm，行距 30cm。为了下籽均匀，可采用金属罐摇摆法，即在罐底打上许多稍大于沙葱籽粒的小孔，装入一定数量的种子，来回摇播两遍。播后覆沙、灌足头水。由于沙葱苗细，顶土力弱，在顶土出苗期间，须保持土壤湿润松软以利出苗。为防止表层沙土水分蒸发快，不利出苗，用覆盖物或杂草覆盖 1cm，15~20d 后出苗，苗高 1cm 以上时，去除覆盖物。

（2）野生苗分株移栽　可用野生的沙葱植株移栽，适用于小面积种植。移栽在 5—8 月进行，首先组织人力到野外将沙葱植株带根挖回来，人工进行选择，剪去老死根，淘汰弱苗，叶子上部只留 3cm 长的段，将选择出的苗放置阴凉处，分株进行栽培，多用簇栽，将整好的地按行距 30cm、深度 4cm 开沟，把沙葱苗以株距 5cm 一簇栽上，每簇苗子 15~20 株，边栽边覆土，用手稍压，深度以不超过叶鞘或以原来自然生长的深度为宜。栽后随即浇浅水促活。采用此种方法移栽的沙葱苗生长快而健壮。

4. 田间管理

沙葱抗逆性强，对环境要求不严格，田间管理较粗放。

（1）苗期管理　定苗密度宜选 10cm×10cm，并将间出的苗假植好，及时栽种。移栽后随即浇浅水，地干就浇，促进成活。出苗后，勤浇浅灌，锄草松土，当苗高约 10cm 时，每亩施硝酸铵 10kg，之后适当控制浇水，中耕松土，促进生根，防止徒长。

（2）灌溉　适宜沙葱生长的沙土保水性能差，春天随着气温升高，水分蒸发快，沙土容易干透，播种或移栽后根据墒情及时浇透水，以利出苗和缓苗。每年 5—9 月是沙葱旺盛生长时期，需水较多，要求见干就浇，以防过旱造成灰枯。花期应适时进行漫灌水，不宜喷灌，8 月下旬至 9 月中旬，种子开始成熟，要适量灌 1 次水。10 月以后，逐渐控制浇水，不旱不浇。沙葱耐涝性较差，遇雨或浇水过深要及时排水。浇水以沙土全部渗透为度，水量不宜过大，否则会引起根层积水，沙土透气性变差，使沙葱沤根引起死亡。每刈割一次后及时灌水。越冬前浇透冬水，使其安全过冬。

（3）施肥　沙葱不宜追施尿素，易导致烧苗和强迫休眠。沙葱旺盛生长期间，隔一水追施 1 次氮肥，每次每亩施硝酸铵 10~15kg；也可施 1 次化肥，再施 1 次有机肥，亩施优质土肥 1 000~1 500kg。在沙葱旺盛生长期也可视生长情况进行根外追肥，可选用磷酸二氢钾 500 倍液或叶面宝 1 000倍液叶面喷洒。如沙葱出现缺素症状要及时补施一定量的微肥，用硫酸亚铁和磷酸二氢钾配合使用效果明显（粉剂、乳剂都可）。使用方法如下：先将硫酸亚铁（用量 1kg/亩）兑水溶化在容器中，将磷酸二氢钾（用量 1kg/亩）兑水溶解在另一个容器中，分别将容器放在冲水口上，随灌水慢慢冲入。一般分两次冲入就可以复绿。秋春季节至少施用有机肥一次，亩施 1 000kg 为宜，可将腐熟的羊粪平铺在沙葱沟内，然后浇水。在采种后要及时补施一定量的肥料。

（4）中耕除草　当沙葱出芽后，应及时进行松土，清除田间杂草。每年除草松土 3~5 次，避免杂草与沙葱争肥争水，影响产量。

（5）分期培沙　结合施肥，在沙葱收割后的垄上分期撒一层 2~5cm 厚的河沙，以防止植株倒伏以及土壤板结龟裂，促进根系生长。每次培沙厚度以不埋没沙葱叶分权为宜。

（6）病虫害防治　主要是灰枯病，可在通风降温的基础上，喷施多菌灵 5 000倍液或可杀得 2 000倍液。

5. 采收

（1）商品沙葱采收　沙葱苗高 20cm 后再生长 1 个月即可刈割，每 20d 刈割一次，既不影响其生长，也不影响其产量。刈割的方法是用锋利的小铲从沙葱近地面（叶鞘）处平茬地面上 1cm 处进行采割，随后摘除干枝叶等杂质，整理扎把或塑料袋包装销售，贮存时间不宜太长，通风干燥处贮存 5~6d，在 0℃左右贮存半个月。此外，沙葱既可以加工为咸菜也可以脱水（开水中氽过），撒盐晾晒保存。除留种田外，只要及时刈割，沙葱不会抽薹结籽，也不会影响生物产量和经济效益。连续收割时以相隔 1 个月左右为佳。

采割完后，及时浇水施肥，中耕锄草，为下茬沙葱生长提供良好的生长环境。进入 10 月后，露地沙葱可进行粗放管理。

（2）种子采收　选择生长健壮、簇大、茎叶粗壮的沙葱留种，每株可长出 2~3 支花穗，当花瓣及花柄发黄枯萎时，种子生理已成熟。由于沙葱植株抽薹期和开花时间不一致，种子成熟的先后顺序也不一致，因此采收种子要分批进行。采收时选择成熟度好，花梗干枯并有少量种子开始散落的花朵，种子不散落不宜采收，采收过早种子青秕，影响发芽。采收时从花梗上摘下已成熟的花朵装入纤维袋中，置于水泥晒场上薄摊、晾晒，每天人工进行倒翻，晾晒 25~30d，干透后进行碾压捶打脱粒。脱粒后，在阳光下晾晒，使种子含水率低于 12%，同时精选种子，去除种子中的秕子、杂物，用透气的编织袋盛装，放置在干燥（湿度小于 35%）、通风、透气的地方贮存，防止虫蛀、鼠害和鸟食。

冰　菜

冰菜，番杏科，日中花属，一年生草本植物。又名冰叶日中花。

经济价值：冰菜具有食用、观赏、药用等价值。目前已逐渐成为一种常见蔬菜。其口感清脆，风味独特，可生食或炒食，具有很高营养价值。

抗逆性：冰菜喜阳光，耐旱、耐盐碱能力强，栽培时对土壤盐分有一定要求。

栽培技术要点：

1. 选地整地

选择排灌方便，土质疏松，排水和透气性能较好的田块，盐碱程度以 0.1~0.4g/kg 为宜。前茬作物收获后，深耕土地，结合深耕施用基肥，每亩用农家肥 500~1 000kg、复合肥 20~30kg、3%辛硫磷颗粒剂 3kg。耙细整平后做深沟高畦，畦宽 1.2~1.5m，畦高 25~30cm，沟宽 30~40cm。

2. 播种或育苗

冰菜可采用种子直播，也可采用穴盘育苗移栽方式。

（1）种子直播　播种时应选择籽粒新鲜、饱满、成熟度高、无病虫害、粒度适中的种子。冰菜种子细小，每亩用种量约 5g。播种之前需要浸种催芽，用 20~30℃温水浸种 2~4h 后播种。露地直播宜在地温稳定在 15℃以上时进行，播前 1d 在畦上浇足水，按 15cm×15cm 的株行距挖穴播种，每穴 4~5 粒种子，覆土 1cm。

（2）穴盘育苗　育苗温度以 20℃左右为宜，可用常规育苗基质，穴盘每孔点播 2~3 粒种子，覆基质 1cm，浇水保湿。播种后，一般 8~10d 可以出苗。出苗期光照以弱光为宜，后期可给予充足光照，温度应控制在 15~25℃，水分控制应把握"见干才浇，浇则浇透"的原则。保持育苗房常通风。播种后 35~40d，等到冰菜叶子长到 4~5 片的时候，就移栽定植。

3. 间苗或定植

直播田出苗后要及时间苗，做到早间苗，迟定苗。间苗要在 4~6 片真叶时进行，选留壮苗，间去病、弱、小苗；6~8片真叶时定苗，每穴留苗2株。穴盘苗在播种后20~30d，一般长出第4~6片真叶时，按照株行距15cm×20cm挖穴进行单株定植。若土耕栽培，需提前1d将种植床浇足水；若水耕栽培，应提前1d，通过滴灌设备用清水将栽培基质充分浸透。若直接购买商品种苗，应选择长势健壮，整齐，叶色正常，叶片数为4~5片，根系发达，无病虫害的种苗，进行移栽定植。

4. 田间管理

（1）灌溉　冰菜比较耐干旱，适度控制水分，有利于冰菜茎、叶部位生长。定苗后应注意控水，一般定植后10d内不需浇水，后期应在叶片略显萎蔫时补充水分，以浇透为宜。

（2）施肥　后期不需要补充肥料，仅依靠底肥就能满足冰菜生长需要。如果感觉冰菜生长势头较弱，可配合灌水，使用2%的叶菜叶面专用肥45ml，每7~10d喷施一次。

（3）光照通风，降温除湿　冰菜生长适宜温度为15~30℃，夏季露地栽培应考虑搭遮阴网，以达到降温目的，设施栽培应注意及时通风，降温除湿。冰菜喜光照，在整个栽培期间，应尽量让植株多见光。

（4）盐分管理　定植缓苗后，应及时为植株补充盐分，在移栽以后的25~30d，可以滴灌浓度为2%的食用盐水，用粗盐或食盐配制，约一个月滴灌一次。在后期可以适当增加食用盐水的浓度至4%。

（5）病虫害防治　冰菜高产栽培中应以预防病虫害为主，尽量不要使用农药。冰菜病害较少，设施栽培注意勤通风除湿，以降低真菌性和细菌性病害的发病机会。主要虫害有蚜虫、白粉虱和金龟子，以物理防治为主，通过搭建防虫网，悬挂黏虫板、铺设地膜等进行防治。

5. 收获

冰菜播种后约两个月即可进入收获期。冰菜分枝性强，侧枝多，可结合整形进行采收。待植株侧枝长10~15cm，叶子表面附着的结晶成型的时候，分支茎生长旺盛，选取生长密集处的侧枝，自茎尖向下约8cm处用剪刀将侧枝径向剪断。采收宜在清晨温度低时进行。采收后如果有条件，最好进行预冷，以利于储藏和运输。

地　肤

地肤，藜科，地肤属，一年生草本植物，别名地麦、落帚、扫帚苗、扫帚菜、孔雀松等。

经济价值：地肤具有食用、药用、园林观赏等经济价值，以食用最为普遍。地肤是我国传统的常用野菜，其嫩茎叶是一种高蛋白、低脂肪的野生蔬菜，富含钾元素和胡萝卜素。地肤也可入药，有清热解毒、利尿通淋等作用。其植株晚秋时节变红，可供观赏。

适应性：地肤适应性很强，对土壤要求不严格，喜温、喜光、耐干旱，不耐寒，较耐碱性土壤。南北各地均可生长，房前、屋后、地边、地角等处均可栽种。

栽培技术要点：

1. 选地整地

选择土壤肥沃、地势平缓、土层深厚的地块，最好选择肥沃、疏松、含腐殖质多的壤土。

前一年秋季选好地块后深耕翻，细耙耖待用。播种前整地，结合整地，将水浇足，并且施足底肥，亩施入 2 000kg 腐熟农家肥。耕翻平整后做畦，待土壤松散时播种。

2. 播种育苗

地肤可直播或育苗移栽。适宜发芽温度为 10~20℃，露地直播可于 4 月进行，保护地育苗可于 3 月上旬到中旬播种，穴播、条播、撒播均可。一般多采用条播，行距 35~50cm，播种量为 1~1.5kg/亩，覆土要浅，厚度为 0.5~1cm，播后稍镇压。保持土壤湿润，经 7~10d 出苗。

3. 定苗或移栽

若直播，苗高 15~20cm 以后，结合采收幼苗进行间苗、定苗。苗床培育的幼苗于苗高 6~10cm 时移栽大田。植苗移栽多在春秋两季进行，春季移栽于 4 月初进行，秋季移栽可在 10 月上中旬进行，夏季墒情好也可移栽。植苗移栽可用人工锹栽法。但要注意，颈部分要全部埋在土中，株行距以 0.5m×1.0m 为宜，移栽亩需苗 1 300~1 400 株。按株行距 70~100cm 定苗。

4. 田间管理

（1）除草　在定苗后半个月左右，进行一次地面株间杂草清除。

（2）施肥　苗期施用氮肥 15~20kg/亩，缓苗转绿后，结合灌水，冲施一次速溶的生物有机肥 10kg/亩或氮肥 30kg/亩。第三次在细枝旺盛生长、结顶前期施用氮肥，用量约 40kg/亩，以促进植株末端小枝生长和籽粒饱满。采收前可追施一次腐熟有机肥。

（3）灌溉　地肤耐盐碱，生长期间若地面干燥，每隔 7~10d 应浇 1 次水。夏季高温，水分蒸发大，则应视天气情况每隔 3~4d 浇 1 次水。

（4）虫害防治　地肤易受蚜虫为害，可选用 10% 吡虫啉可湿性粉剂 500 倍液喷雾，或 20% 百虫净乳油 800~1 000 倍液，或 40% 乐果乳油 1 000~1 200 倍液防治。地肤也可能出现青虫为害，发生高峰期在 6 月底至 8 月中旬，防治要根据种植区的虫口密度、虫龄等虫情，挑治或全面喷布，药剂可使用 20% 定康颗粒剂 4 000 倍液或 1 000~2 000 倍液 40% 的乐果乳剂。地肤也易被菟丝子寄生，发现后应及时摘除。

5. 收获

（1）茎叶采收　一般当植株长到 15~20cm 高时，即可采收，4—7 月可陆续采收嫩茎叶。

（2）整株、种子采收　整株、种子于秋季成熟时收获，植株茎秆木质化，侧枝、小枝也已充分老熟，籽粒饱满时即可收割，收割时要确保主干不破裂。整株、种子堆晾时选择高燥地段，地面摆放木板或竹竿或砖石，保持底部干燥，顶部能遮雨、四周敞开的设施堆放植株，每堆 5 层，不宜叠放过高，以免高温发霉、腐烂。当植株堆晾至半干或全干，即可作原材料出售。植株八分干时，即可打掉叶子、籽粒，然后重新堆放，待售。种子脱粒干燥后保存，做留种。

沙　蓬

沙蓬，藜科，沙蓬属，一年生沙生草本植物，别名沙米、登相子等。

经济价值：沙蓬具有食用、药用、生态植物等价值，为常见食用、药用植物。沙蓬茎叶富含多种人体必需氨基酸、活性成分及矿物质元素镁、钾、锌，具有助消化、健脾胃，清热解毒、抗菌消炎和抗衰老等功效，是天然减肥食品和心脑血管、肾脏功能减退、糖尿病病人的理想食品；沙蓬种子可做炒面、凉粉、糕点等食品，可当辅粮食用；沙蓬生长于流动、半流动沙地和沙丘，可作为草原区沙地和沙漠生态改良的先锋植物。

适应性：沙蓬具有极强的抗逆性和抗旱性，耐贫瘠。

栽培技术要点：

1. 选地整地

选择疏松的沙土、沙壤土。底肥可施入腐熟的农家肥1 000kg/亩，磷酸二铵5kg/亩。施肥后进行深翻，整细耙平。

2. 播种

播种时间一般以春季4月下旬，夏季5月中上旬为宜，采用种子直播，播前不需处理。沙蓬适应性强，植株生长高，株展宽，为了便于通风透光，春季栽培株行距以60cm×60cm为宜，夏季栽培采用株行距为50cm×50cm。沙蓬种子具有休眠特性，出苗率低，可加大播种量，播种量为0.5~1kg/亩。播种方法采用穴播，穴深1~2cm，每穴播10~15粒种子，播前浇足水，待沙土用手捏指缝间无滴水现象，松开手掌湿润时，即可播种，播种后覆盖湿沙。由于沙蓬苗细，顶土力弱，在顶土出苗期间需保持沙土湿润松软，以利于出苗，播后出苗前，如墒情好，不宜浇水，以免沙土板结和降低地温，但若地干，应浇浅表水，确保出苗和出全苗。为防止表层沙土水分蒸发快，不利出苗，用覆盖物或杂草覆盖。15~20d后出苗，出苗后可以除去覆盖物。春夏季播种也可不定株行距，直接进行浅表撒播，播后用耱耱平即可，但要预防麻雀啄食，可人为预防，也可加大播种量。

3. 田间管理

（1）间苗与中耕除草　当沙蓬幼苗第一片真叶中间长出一对分枝时，进行间苗，间苗时去小留大，去弱留强，每穴留一株。

（2）中耕除草　间苗期同时进行中耕除草。在整个生育期，由于沙土疏松，杂草生长速度快，要及时进行人工锄草。

（3）肥水管理　沙蓬虽然是抗旱植物，但对水分要求较高，水分满足时生长发育快，长势强，全生育期要根据土壤墒情及时灌水，灌水以浅灌为宜，苗期一般20d灌一次，尤其开花到灌浆时要及时灌水，以满足籽粒灌浆所需水分。沙蓬生长在流动半流动的纯沙地，野生条件下全生育期对肥料要求低，栽培条件下，根据生长情况，营养生长期施少量的碳酸氢铵，以3~4kg/亩为宜。

4. 适时采收

10月下旬植株茎秆干枯变黄，茎叶上刺坚硬，果实黄色时进行采收。采收后及时进行碾压筛选，置于水泥晒场上薄摊晾晒，每天人工进行倒翻，晾晒干透后进行碾压捶打，然后在自然风力下人工进行筛选，去掉秕瘦种子，装入布袋放在阴凉干燥通风处保存。做辅料的种子产品，根据市场需求，大小分级，分级堆放，合理包装。

猪毛菜

猪毛菜,藜科,猪毛菜属,一年生草本植物。

经济价值:猪毛菜具有食用、药用等价值。食用幼苗及嫩茎叶。全草入药,具有平肝潜阳,润肠通便之功效,可治疗高血压、头痛、眩晕、肠燥便秘等病。

适应性:猪毛菜耐寒、耐旱、耐盐碱,在碱性沙质土壤上生长最好,喜光照,生长适温为18~25℃。

栽培技术要点:

1. 选地

选土层深厚、肥沃疏松、富含腐殖质、排水良好的微碱性沙质壤土或壤土种植。也可选向阳菜地,深翻晾晒。

2. 播前整地

于播种前均匀施入腐熟有机肥2 500kg/亩和水溶性好的复合肥10kg/亩,翻耕整平后,整地作畦,宽1~1.5m,方便排水防渍和沟灌抗旱。播种前先浇足底水,杂草多的地最好喷一次灭生型除草剂。

3. 播种

播种前用温水浸种6~8h,采用撒播,每亩用种量1~1.2kg。因种子细小,播种时将种子用6倍的细沙混合均匀,撒播在1m宽的畦内,播种后用耙将畦面耧一遍,再撒过筛的细土覆盖种子,约1cm厚,稍压畦面,浇透水,用塑料薄膜覆盖保湿,出苗后撤去薄膜。

4. 田间管理

(1)间苗定苗 出苗后要及时间苗,防止挤苗。当苗高2cm时应疏苗,苗高10cm时间苗,株高20cm定苗,保距30cm。

（2）水分管理　出苗后要保持畦面湿润。

（3）温度管理　温度控制在白天 25～28℃，夜间 15～18℃，冬季不低于 5℃。

（4）施肥　每次采收前后，可追施氮肥，采收后 2～3d 可用 0.2% 尿素水浇，促侧枝萌发。

（5）病虫害防治　有时有蚜虫为害，以 5 月发生较多，要注意防治。霜霉病可用波尔多液或杀毒矾可湿性粉剂进行喷洒防治。

5. 采收

当长到 10cm 时，结合间苗，把移除的嫩苗上市。植株高 20～25cm 时，留 2～3 片基叶，用镰刀收割上部嫩梢，并用保鲜膜分装，保鲜上市，每茬一般可收割 3~4 次。

苣荬菜

苣荬菜菊科，苦苣菜属多年生草本植物，又叫野莴苣、取麻菜、苦荬菜等。

经济价值：苣荬菜具有食用、药用等价值，是一种常见的早春食用野菜。全草入药，有清热解毒，利湿排脓，凉血止血之功效。

适应性：苣荬菜适应性广，对土壤要求不严，抗逆性强，抗寒耐热，耐轻度盐碱。

栽培技术要点：

1. 选地整地

选择地势较高，阳光充足，土壤疏松，肥沃，排水良好的沙质土或壤土。秋冬季翻土深15~20cm，冬灌晒田。春季播种前要细致整地，结合整地每亩施腐熟的堆肥（人粪尿、鸡粪和厩肥）2 000~3 000kg，过磷酸钙50kg。地要整平整细，捡出砖头瓦块、草根树皮、杂草乱叶。耙平后做成宽1m的畦床，四周开好排水沟。畦面要平，不留坷垃，土要细。

2. 浇足底水

可在播前浇足底水。因其种子小、幼苗细弱，土干时不易顶土，应在出苗前稍干旱时，用喷雾器装水喷洒畦土，以保正常顶土出苗。

3. 种植

(1) 移根栽植

①母根的采集：4月初，野生苣荬菜刚刚出土时，选大片生长茂盛的野生种群，刨其根茎。按匍匐茎上芽的分布，截成5~10cm的短节。采的根要及时栽植，来不及栽植的应放于湿土中假植，以保持新鲜，提高栽植成活率。

②栽植：苣荬菜的根茎定植时，按行距15cm，深5~8cm开沟，以株距5cm左右将苣荬菜根茎依次摆放在栽培沟内，顺沟平放，使根茎舒展，菜芽向

上，覆土，镇压，浇定根水。一般每亩用根状茎 40~50kg。

（2）播种种植

①采种：苣荬菜的种子呈白色或黄褐色，顶端带有伞状白色冠毛，室内自然条件下贮存寿命可达 4~5 年，千粒重 0.6~0.8g。秋季 8 月中旬到 10 月初，苣荬菜种子成熟，瘦果颜色开始变褐色时，及时采收。采后晾干，揉搓，除净杂质，装入布袋，置阴凉干燥处贮藏备用。

②播种：秋播或翌春播种。苣荬菜种子有休眠期，春季播种的种子要进行冬藏，即将秋季晾干的种子拌 3 倍较湿润的细沙，然后放入塑料袋内埋入 30~50cm 比较干燥的地下，使种子休眠。翌春解冻时取出种子，即可播种。可撒播也可沟播。播前可用 0.1%高锰酸钾浸泡 2h，促进种子发芽并减少表面病菌。因种子细小，播时将种子拌 3 倍细沙或草木灰，均匀撒播在畦面上。也可条播，按 15cm 行距，深 2cm 开沟，沟内浇足底水，待水渗下，再捻籽下沟。每亩用种 0.3~0.4kg。播后覆一层厚 0.3cm 的薄土，镇压，浇水，保持畦面湿润。

4. 田间管理

（1）间苗　出苗后，2~3 片真叶时间苗，株距 5~7cm，不宜过密。

（2）中耕除草　一般进行 3~4 次。因为苣荬菜地下茎匍匐，第一次可稍深，以促进根系伸展，以后几次宜浅，避免伤根。大雨后，必须及时松土，以利植株生长。

（3）施肥　当移根栽培的菜芽出齐后，直播的幼苗两叶一心时，每亩追加粪水 1 000kg 或亩追施硫酸铵 25~50kg。苣荬菜可连续多茬收获，每次采收过两天后，每亩施硫酸铵 15kg，硫酸二铵 6kg，追肥时注意不要撒在植株叶片上，施肥后可用喷灌法结合浇水冲洗叶片。此外，生长期可视苗情喷施一定量的生长调节剂或叶面肥，如爱多 1 000~1 500 倍液；必多收 6 000 倍液；肥料精 80 倍液；叶面宝每瓶加水 60kg 等，可 10d 喷一次。

（4）灌排水　沙质壤土和沙土应浇两次蒙头水，以促使出苗。种子出苗前，切忌大水喷灌。苣荬菜生长期要保持土壤有足够水分，遇天旱时要及时浇水。入夏如有大雨，要及时排除积水，防止烂根。

5. 收获

苣荬菜采收一般在 4 叶 1 心，株高 10~15cm 时，可拔苗或刈苗采收，植株过大商品性差，过小则产量偏低。采收时用锋利的刀在植株基部沿地面割下，采大留小，留下母根，以待产生新芽，摘去第一片老叶后装袋市售。在正常管理情况下，母根可采收商品菜 3~4 茬，其中以第二、三茬菜产量最高，约占总产量的 70%。每次采收后过两天，待刀口愈合后，方可追肥浇水。

蒲公英

蒲公英，菊科，蒲公英属，多年生草本植物。

经济价值：蒲公英具有食用、药用等价值，是一种常见的传统野菜，可生吃、炒食、做汤。全草入药，有利尿、缓泻、退黄疸、利胆等功效。

适应性：蒲公英适应性强，喜光耐寒、耐热、耐寒耐瘠，耐轻度盐碱。

栽培技术要点：

1. 选地

选择土层深厚疏松、土质肥沃湿润、排水良好的沙质壤土或腐殖质含量较高的壤土。

2. 整地、施肥

选好地以后，人工除去杂草和石块，深翻 20~25cm，结合深翻每亩施入腐熟农家肥 2 000~3 000kg，复合肥 30~40kg，将土地深耕，深度最好达到 30cm 以上，之后整平耙细。做成长 10~20cm，宽 1.2~1.5m、高 15~20cm 的畦，或做成 45cm 宽的小垄。如果土壤干旱，可在播种前 2d 浇透水，亩灌水 60~100m³，待土壤稍干爽后，进行浅翻。

3. 采种

种子可从野生或种植的蒲公英中获得。蒲公英的二年生植株于 5—6 月开花，开花数目随株龄而增多，最多的一株达 20 朵以上。开花后 15d 左右种子成熟，当蒲公英花盘外壳由绿变为黄绿色，种子由乳白变成褐色时，可采收。切不要等到花盘开裂时再采收，否则种子易飞散损失。一般一个花盘有种子 100 粒以上，大叶型蒲公英种子千粒重 2g 左右，小叶型种子 0.8~1.2g。采收种子时，先把花盘放在室内后熟 1d，等花盘全部散开，再阴干 1~2d，当种子半干，用手搓掉种子尖端的绒毛，然后晒干备用。

4. 播种或育苗定植

（1）直播　蒲公英种子没有休眠期，种子成熟即可，在春、夏、秋季均可露地播种。种子发芽最适温度为15℃左右。直播前进行种子处理。把准备好的蒲公英种子用55℃温水浸泡20～25min，以杀灭种子表皮细菌，搅动至水凉后再浸泡8～10h，然后捞出晾干。一般从5月初到7—8月可播种。如遇土壤干旱，播种前两天要浇透水。在水分和温度适合的条件下，播种后3～4d便可发芽，10～15d便可出苗。

在畦面或垄上采用条播或撒播两种方式，播前需将种子与适量沙土拌匀。条播是在畦面上按行距25～30cm开浅横沟，将种子条播于沟内，覆土0.3～0.5cm，然后稍加镇压。播种量为每亩500g。撒播在平畦上，每亩用种1 000g左右，播种后，可以直接用耙子耙平，接着喷透水。一般可盖草，保温保湿，7～10d即可出苗，出苗时揭去苫草。

（2）育苗及定植　育苗的优点是在设施条件下穴盘育苗，温湿度及光照条件容易控制，成苗率高，苗期生长速度快，但需要移栽定植。将配好的营养土放在育苗盘中，单粒或双粒点播，覆土厚度以盖住种子为宜，播种后及时喷水保湿，育苗盘上覆盖地膜，以利出苗。出苗率达80%时，取下地膜。出苗后注意经常喷水，育苗期保持土壤温度以15℃左右最佳。

幼苗3～5片叶时移栽，一般在春季进行，采用开沟定植的方式，畦宽120～130cm，畦面沟距8～10cm，株距5～7cm，一穴双株，栽完马上浇水，3～5d可成活。

（3）挖根栽培　在蒲公英野生种群资源丰富的地方，也可直接挖取野生蒲公英的根用于栽培。通常在10月挖取，挖根后，集中栽培于大棚中，株行距8cm×3cm，栽后浇足水，至次年2月，即可萌发新叶，这时再施一次有机肥。

5. 田间管理

（1）中耕除草　蒲公英定植后缓苗较快，应及时除掉田间杂草，以利幼苗快速生长，一般10d左右中耕除草一次为宜，直到封垄为止。封垄后可人工拔草。

（2）间苗定苗　苗出齐后，长出2～3片叶时，可适当进行间苗、定苗，间苗株距为3～5cm，定苗株距为8～10cm。缺苗严重的要选用比较健壮的大苗进行补苗。

（3）灌溉　蒲公英发芽后，保持苗床湿润，利于出全苗。整个生长期内要经常浇水，少浇勤浇，保持土壤湿润，雨季一定要挖沟排水，以免积水导致烂根。

（4）施肥　在生长季节里，视长势追肥 1~2 次，每亩施尿素 10~15kg 和磷酸钾 5kg。二年生蒲公英第 2 年春天萌发前，结合清园，开沟施入复合肥（氮磷钾含量 15-15-15）30kg/亩。

（5）病虫害防治　蒲公英抗病性强，病害发生较少，主要注意白粉病的防治。春季喷施阿泰灵，增强蒲公英的免疫力，减少田间发病概率。发病初期及时用 10% 多抗霉素 1 000~1 500 倍液喷雾防治，每隔 7~10d 喷 1 次，连续 2~3 次。蒲公英比较抗虫，干旱年份注意蚜虫的防治，可用 3% 啶虫脒乳油 2 000 倍液喷雾。每年的晚秋，为防止害虫与病菌在栽培地中越冬，要及时清理地上枯黄的部分。

6. 收获

按照不同用途可分别采收不同部位。为了提高下一年蒲公英叶片的产量，一般播种当年收割 1 次或者不收割，以促进茎叶繁茂和养根。可在幼苗期分批采摘外层大叶食用或用刀割取心叶以外的叶片，清洗干净作为野菜生食或烹调。自第二年起，每隔 15~20d 割一次，当叶基部长至 10~15cm 时，可一次性整株割取，捆扎上市。每年可收割 2~4 次，即春季 1~2 次，秋季 1~2 次。如作为药材出售，可在晚秋采挖带根的全草，抖净泥土，晒干即可。

千屈菜

千屈菜，千屈菜科，千屈菜属，多年生草本植物。

经济价值：千屈菜具有食用、药用等价值，也是园林绿化与生态植物。千屈菜嫩茎叶具有清热凉血的功效，很适合夏日食用。全草均可入药，具有清热、凉血、收敛、通瘀、止泻等多种功效。千屈菜耐修剪，生命力顽强，花开时色彩绚丽夺目，并极易与其他园林作物进行搭配，为优秀的园林绿化植物。千屈菜还可对水体起净化作用，是一种生态植物。

适应性：千屈菜性喜阳光、湿润及通风良好的环境，对土壤要求不严，耐寒，耐盐碱，喜水湿，适宜在浅水中、沼泽地栽培，南北均可露地越冬。

栽培技术要点：

1. 选地整地

千屈菜耐盐碱，在肥沃、疏松的土壤中生长效果更好，可成片布置于湖岸河旁的浅水处。最好选择肥沃、腐殖质含量高的土壤，每亩施堆肥或厩肥1 000kg，深翻20~25cm，耙细整平，做宽1.2m的畦。

2. 采种

一般于9—10月采收种子，选择健壮、无病害的植株，连花梗一起剪下，晒干，搓出种子，去除杂质，将种子装在布袋里，放阴凉干燥处贮藏备用。

3. 繁殖

千屈菜可用播种、扦插、分株等方法繁殖。

（1）直播　千屈菜的种子发芽适温为18~23℃，种子较为细小且较轻，播种时可以细沙掺拌。若要提高千屈菜的发芽率或者加快发芽速度，可以利用赤霉素溶液浸泡种子，浓度以100mg/L为宜，浸泡时间为8h。一般于春季播种，在5月上中旬条播，按30~35cm开沟，沟深1.5cm左右，将种子均匀撒入沟中，覆盖薄薄一层细土，稍加镇压，为防止种子被冲出，用喷雾器浇一遍水，保持土壤湿润，一般10~15d即可出苗。每亩播种量为400~500g。

（2）分根繁殖　分株可在4月进行，当天气渐暖时，将老株挖起，抖掉部分泥土，分清根的分枝点和休眠点，用快刀或锋利的铁锹切成若干丛。每丛有芽4~7个，另行栽植。注意每个分株上都要有芽点和休眠点。也可于秋季10月中旬将地上部割下，挖出母株，依据自然生长情况进行分根。将根分成几丛，按行距30cm开沟，然后将小根按株距15cm摆在沟内，覆土5cm，镇压后浇水，土壤结冰前撒一层农家肥，浇一遍防冻水，翌年春季出苗。

（3）扦插繁殖　进行扦插繁殖时，宜于母株的生长旺盛期进行。首先进行扦插苗床的预处理，在准备扦插前的15d，用0.5‰的高锰酸钾溶液为苗床消毒杀菌，用锌硫磷进行杀虫。在6月末7月初，选择半木质化的枝条，剪成长10~12cm的插穗，剪去叶片，每段带3个以上叶节，插穗上端剪成平口，下端剪成斜口，上下剪口要平整，剪口距叶节0.5~1cm。插穗剪好后，用浓度为10mg/kg的BBA溶液浸泡下端口，深度为2cm，时间为5min。刮平床面，用竹签打孔，株、行距为5cm×5cm，把插穗插到苗床上，深5~6cm，压实。喷水后，覆盖塑料薄膜保湿，用遮阳网遮光60%，温度控制在21~23℃，每天喷水3次，扦插20d后，每10d喷1次5%的多菌灵，20d左右可生根。生根后去掉塑料薄膜，适度见光，后期喷施叶面肥，促进地上部分生长。

4. 定植

待千屈菜生根长叶后，移栽于施足基肥的湿地，栽植一般株行距为30cm×30cm，以保持植株间的通透性。由于千屈菜生长快，萌芽力强，耐修剪，种植时不能太密。

5. 田间管理

（1）苗期管理　在6月以前，小苗生长缓慢，应少浇水，不需施肥。当苗高5~10cm时，疏除细弱的幼苗和过密的幼苗。当苗高15cm左右时，即可定苗。按株距15cm定苗，保持土壤湿润，保证光照。进入7月后，植株进入旺盛生长阶段，此时要及时灌水及中耕，保持土壤湿润，以满足植株生长所需要的水分。进入盛花期后，应及时除草、松土及追肥。

（2）中耕除草　幼苗出土后，要及时松土除草一次，之后结合间苗、定苗，分别进行一次松土及除草。在植株封垄前，需进行中耕除草，封垄后停止除草。

（3）水肥管理　定苗后，在幼苗行间开沟，每亩追施尿素 8kg，施肥后适当增加浇水次数，以利幼苗生长。6 月初施一次人畜粪水 1 000kg/亩，施后浇一次清水，一般 1 个生长周期需追肥 3 次，春、夏季各施 1 次氮肥或复合肥，秋后追施 1 次堆肥或厩肥，经常保持土壤潮湿。

（4）剪枝　为了加强通风，还应剪除部分过密、过弱枝以及开败的花穗。生长期应不断打顶，促其矮化。为控制株高，生长期内要摘心 1~2 次。冬季结冰时，植株枯黄之后，应剪除地面上的枯枝。

（5）病虫害防治　在通风良好、光照充足的环境下，千屈菜很少有病虫害发生，但在过于密植，通风不畅的情况下会有红蜘蛛为害，如严重，可使用 40% 乐果乳油 1 500 倍液，或 15% 的哒螨灵乳油，或 73% 的克螨特乳油，或阿维菌素等，在叶面正反两面均匀喷雾防治。

6. 采收

（1）食用茎叶采收　食用鲜嫩茎叶，一般在 4—5 月，选择嫩茎叶摘下，出卖鲜品。也可将新鲜的千屈菜洗干净，倒入沸水中焯水，再晒干储存起来，制成菜干。

（2）药用全草采收　千屈菜以全草入药，在 7—8 月割取全草，摊在地里或水泥地面上晾晒，中午翻动一次，待晒到七八成干时，扎成小把，放到阴凉通风处晒干或阴干，避免雨淋或露水打。

7. 灌冬水

10 月下旬，剪去所有老枝，灌足冬水。

沙 枣

沙枣，胡颓子科，胡颓子属，落叶灌木或小乔木，又名银柳、银柳胡颓子、桂香柳、香柳等。

经济价值：沙枣具有食用、药用、饲用、园林绿化等价值。沙枣果肉风味酸甜，营养丰富，既可鲜食又可加工成各种风味食品。叶可提取香精油，种子可榨油。沙枣粉可酿酒、酿醋、制酱油、果酱等，糟粕仍可饲用。沙枣花是很好的蜜源植物。树液可提制沙枣胶，为阿拉伯胶的代用品。果实、树皮、树胶、花皆可入药，功用为消食化滞、止咳祛痰、健胃、止泻利尿等。其叶和果是优质饲料。其作为园林绿化生态树种，具有防风固沙、调节气候、净化空气、改良土壤等作用。

适应性：沙枣树的生存能力极强，抗干旱、抗风沙、耐盐碱、耐贫瘠，对土壤、气候、温度要求不高。

栽培技术要点：

1. 整地

春播地要在秋季深翻，随后灌水越冬。春季翻耕后起垄，垄间距2m，垄上灌水至完全湿润，然后用地膜覆盖农田，在膜上挖穴，穴间距为2~3m。

2. 精选品种

沙枣有大白沙枣、八封沙枣、羊奶头大沙枣、牛奶头大沙枣等品种。其中大白沙枣果实圆卵形，皮白，果肉厚而洁白，甜美无异味，产量高，为鲜吃良种；八封沙枣果实黄棕色或枣红色，被易掉落的星状鳞斑，有8条纵向皱褶痕，果实不大，产量高，味涩，适宜酿酒酿醋，对盐碱、干旱地适应性强；羊奶头大沙枣果多棕黄色或红棕色，成熟较早，果实味甜、丰满，皮薄易干燥，结实比较稳定，耐旱性较强；牛奶头大沙枣果实奶头状、长椭圆形，黄褐色至枣红褐色，果实两端的果肉内有8条明显的褶皱痕。果肉厚、核细长，味甜而稍带酸，是晚熟鲜食良种，对栽培条件要求不高。

3. 采种

沙枣果实于 10 月中下旬采收。选壮龄、无病虫害、果大饱满的优良单株作为采种母树。果实采收后及时摊晾,防止发霉,干后入库堆放,堆层厚度以 50cm 为宜。净种需用石碾碾压,脱除果肉。脱出的种子放干燥通风处贮藏,堆层厚度不超过 1m,长期贮存种子应晒干,使其含水量在 18% 以下,新采饱满的种子发芽率多在 90% 以上。

4. 苗圃育苗

所有圃地均需深翻并平整做床。

(1)播种育苗 播种育苗通常多在春季,播前需要进行催芽处理,一般在 12 月至翌年 1 月,将种子淘洗干净,掺等量细沙混合均匀,沙藏催芽或按 40~60cm 的厚度堆放地面,周围用沙拥埋成埂,灌足水,待水渗下或结冰后,覆沙厚 20cm 即可。未经冬灌催芽的种子,播前用 50~60℃ 温水浸泡 3~4d,捞出后用 40% 的甲基托布津可湿性粉剂拌种(每千克种子用 3g),放在室外向阳处摊铺后,覆盖保湿催芽,待 40%~60% 的种子吐白时,即可播种。

采用大田式条播,行距 25cm,播种深度 3~5cm,每米播种沟播种 80~100 粒,播种量 30~50kg/亩,保苗 4 万~5 万株/亩。播后覆土。一般 5 月中下旬即可破土出苗,6 月上旬间苗,苗距 7cm。一般当年圃地苗高 1m 左右,根径 1cm 左右,最高可达 1.4m、根径 2.4cm。

(2)扦插育苗 选择木质化良好、无病虫害、具有饱满侧芽的一年生枝干,作为插穗用条。从田间采集的种条,按 15~20cm 的长度截成插穗。插穗下切口为马蹄形,切削角度以 45° 为宜,也可平截。截条时要特别注意保护插穗上端的第 1 个侧芽,上切口平切,截在第 1 芽上端约 1cm 处,下切口宜选在 1 个芽的基部。扦插多在春季进行,也可以秋季扦插。春插宜早,一般在腋芽萌动前进行,宜嫩枝扦插,并带叶片,每段要带 3 个以上的叶节,穗长 25~50cm。秋插在土壤冻结前进行,宜硬枝扦插,穗长 15~25cm。每段插穗通常保留 3~4 个节,扦插深度以地上部分露 1 个芽为宜。扦插后必须立即灌水,使插穗与土壤紧密结合,并使插穗有充足的水分吸收。秋季扦插时,要注意插穗上面覆土或采用覆膜措施,扦插株行距 10cm×30cm。

(3)压条育苗 选取健壮的枝条,从顶梢以下 15~30cm 处,把树皮剥掉一圈，剥后的伤口宽度在 1cm 左右，深度以刚刚把表皮剥掉为限，剪取一块长 10~20cm、宽 5~8cm 的薄膜，上面放些淋湿的园土，把环剥的部位包扎起来，薄膜的上下两端扎紧，中间鼓起，四到六周后生根，生根后，把枝条边根系一起剪下，即成新株。

5. 幼苗管理

沙枣是喜光树种，幼苗期应及时进行除草，在苗木封垄前，要结合每次灌水进行一次中耕除草，封垄后中耕除草次数可减少。沙枣苗基本齐苗时，进行第一次灌水，结合灌水撒施尿素 5kg/亩，施肥应避免在雨后或有露水的时候进行，以防烧苗。以后浇水根据气候及土壤墒情而定，全年灌水 5~7 次，在 8 月以前结合灌水撒施尿素 2~3 次。土壤肥力较低的，可以在第 2 次灌水后，结合中耕除草追施二铵 10kg/亩。由于沙枣具有较强的抗旱性，因此，秋季控水要求相对较宽松，避免秋季大水大肥，同时要灌足冬水、浇好春水。

6. 移栽

幼苗培育到 50cm 左右的时候开始移栽，移栽时间可在初春萌芽前或秋末落叶后，移栽时要注意保持适当的根幅。春季栽植适当浅栽，秋末适当深栽。栽植时施入经腐熟发酵的牛马粪或烘干鸡粪作基肥，选择苗株连同湿润的土壤一起放入穴内，注意保持根系不暴露，然后用穴内挖出的湿土填实，每穴保苗 1 株。秋末栽植的苗，初春时应将穴坑表土挖起一些，利于地温升高。

7. 肥水管理

移栽初期加强水肥管理，进入正常生长后可粗放管理。沙枣在栽植的头一年，除造林一个月内浇 2~3 次水以外，还应每个月浇一次透水。以后每年需浇水 1~2 次，每年秋末浇好封冻水，初春浇好解冻水，其他时间可靠自然降水生长。每年秋末结合浇冻水，施用一次农家肥。在土壤水分充足、杂草多的林地，造林当年 5—9 月要松土、除草 2~3 次。秋末或翌年春季进行补植，第 2 年至林木郁蔽前，每年在林木生长期要松土、除草 1~2 次。

8. 修枝整形

沙枣修剪在冬季至早春萌芽前进行，幼树要在定干高度选留分布均匀、不同方向的几个主枝形成基本树形，生长期中产生的徒长枝要及时从基部剪除。冬季短截主枝，调整新枝分布及长势，剪除重叠枝、徒长枝、枯枝、病虫枝及无用枝条。林木郁蔽后，要清除根部萌生枝条，修剪主干上 1/2 以下的侧枝条和影响主干生长的上部侧枝，以后视林木的生长势，适当隔行、隔株疏伐。

9. 病虫害防治

沙枣尺蠖在幼虫 1~2 龄期喷洒 200 倍液 Bt、1 500 倍液灭幼脲、1 000 倍液阿维菌素等生物制剂防治。沙枣木虱需保护，利用天敌（如蜘蛛、二星瓢虫等）捕食成虫，啮小蜂寄生若虫，于冬季或早春，干基涂白或涂 60%D-M 合剂 200 倍液。沙枣跳甲防治是在幼虫发生盛期，选用木春一号1 500~2 000 倍液喷雾，或在 4 月下旬越冬成虫交配产卵之前，用 40% 乐果乳油 300 倍液加 80% 敌敌畏 200 倍液喷杀成虫，也可保护利用沙枣跳甲的天敌兰椿、草蛉、螳螂等。紫翅果蟥可用 25% 噻虫嗪水分散剂4 000 倍液杀灭。大青叶蝉，可在若虫期喷洒 25% 扑虱灵可湿性颗粒1 000 倍液或 48% 乐斯本乳油3 500 倍液杀灭。褐斑病可喷 50% 代森锌 300~500 倍液或 75% 百菌清 600~800 倍液，每隔 10d 喷 1 次，连续喷 3~4 次。

10. 采摘

果实成熟时分批采摘，鲜用或烘干。

11. 秋冬管理

秋季及时对沙枣林地进行灌水，疏除过密枝，清除枯枝落叶。

药用植物

白　刺

白刺，蒺藜科，白刺属，灌木。

经济价值：白刺具有药用、食用等价值，也是防风固沙、沙漠绿化的重要树种。白刺的果实是罕见的野生水果，具有极高的营养和药用价值，可治疗脾胃虚弱，消化不良，神经衰弱，高血压头晕，感冒，乳汁不下等。白刺自然丛生，能固定风沙，可防治水分流失，绿化沙漠。

适应性：白刺耐旱，耐盐碱，多生于荒漠和半荒漠的湖盆沙地、河流阶地、山前平原积沙地、有风积沙的黏土地。

栽培技术要点：

1. 选地整地

选择地势高、土壤含盐量 0.8%以下的盐碱地，将其耕翻整平后，即可进行造林。按株行距 1m×2m，挖深 2~3cm 小穴，拍平穴底，墒情不好时适当灌水，待水渗下后种植。

2. 育苗

（1）扦插育苗　在 4 月上旬，剪取一年生的健壮枝条，作为插穗。把枝条剪下后，选取壮实的部位，剪成 5~15cm 长的一段，每段要带 3 个以上的叶节。上剪口在最上一个叶节的上方大约 1cm 处平剪，下剪口在最下面的叶节下方大约为 0.5cm 处斜剪，上下剪口都要平整（刀要锋利）。用 50mg/kg 的 NNA 处理后，扦插于沙池中。

（2）播种育苗

①冬藏或催芽：前一年冬季 12 月进行种子处理。方法是把种子淘洗干净，掺等量细沙混合均匀，放入事先挖好的种子处理坑（深 80cm，宽 100cm，长随种子多少而定）内，或按 40~60cm 厚堆放地面，周围用沙拥埋成埂，灌足水（种子上面积水 10~20cm），待水渗下或结冰后，覆沙 20cm 越冬。未经冬藏的种子，在播种前要进行催芽处理。催芽于翌年 4 月初进行，先将干燥的白刺种

子取出，用 60~70℃ 热水浸泡 24~48h，捞出混湿沙（体积比 1:3），堆放在避风向阳处，盖草帘催芽。有 1/3 种子露白时，即可进行播种。

②播种育苗：选择地势较高的轻中度盐碱地作为育苗地，整成 90cm 宽的畦面，打好畦埂。深翻、耙平、压实后，按 15~20cm 的行距划播种沟，沟深 2cm 以内，在沟内每隔 10cm 点播约 10 粒种子，然后覆土拍平拍实，最后封盖地膜。

（3）压条生根育苗　白刺的匍匐茎贴地面生长，在接触地面的地方容易生根，也可压条生根，将生根枝条剪离母株可培养成为独立植株。

（4）挖取野生苗　直接挖取野生苗木移栽。

3. 幼苗移栽

所育小苗长至 2~3 片真叶时，用移苗器先在造林地上按预定的株行距打好移植孔，然后在育苗地上用移苗器移苗，把起出带幼苗的土团完整放入已经打好的移植孔内，最后浇水、封穴。

4. 管理

（1）灌溉与排涝　栽植后须灌水 1~2 次，种植成活后，一般不需要浇水。白刺不耐涝，积水 2d 就可造成涝害。在多雨季节要注意排出田间积水，防止涝害。

（2）除草　白刺植株矮小，匍匐于地面生长，在土壤含盐量 0.6% 以下的地方，容易被杂草欺压，成林前需除草。一是化学除草，用浓度 0.06%~0.08% 盖草能或 1%~2% 草甘膦进行喷布；二是机械除草，亦可结合整地一并进行。

（3）施肥　一般正常生长不需要施肥。如发现缺肥，可适当追施农家肥。

（4）病害防治　白刺锈病需人工剪除染病的枝叶和花果，将其集中烧毁，也可在发病早期用波尔多液或 0.3~0.4 波美度石硫合剂喷布。

5. 采摘

白刺果实成熟时，人工采摘。

6. 留种

当黑色果实表面开始失去光泽，皮皱缩时，即可进行采种。果实采摘后，先将其洗净晾干，然后搓揉，滤去果汁、果皮，进行晾晒，使其干燥。白刺种子贮藏在阴凉通风处，以防发生霉变。

苦豆子

苦豆子，豆科，槐属，草本或基部木质化成亚灌木状植物。

经济价值：苦豆子具有药用、饲用等价值。苦豆子籽实中含有的苦参总碱具有清热解毒，抗菌消炎等作用。苦豆子的根又叫苦甘草，具有清热解毒的功效，可治痢疾，湿疹，牙痛，咳嗽等。

适应性：苦豆子耐盐碱，耐旱，耐瘠薄。

栽培技术要点：

1. 选地整地与播前准备

选择地下水位高，排灌方便，春季播前 0~20cm 土层全盐含量为 0.2%~0.6%，土壤 pH 值为 8.00~9.50 的轻盐沙壤土。选好地后，施入尿素、硫酸钾等。氮肥 5~5.5kg/亩，磷肥 7~7.5kg/亩，钾肥 2.3~2.5kg/亩，可选用磷酸二氢钠。磷肥一次施入，氮、钾肥一次基施，一次追施。配合施肥进行整地，翻耕 25cm，耕后平整土地。播种前灌水 160m³/亩。

2. 播种

（1）种子处理　用硫酸处理苦豆子种子，用量为 50ml 硫酸溶液/100g 种子，处理时间 25min。然后，用水冲洗 6~7 次，洗净硫酸；或用氨水中和硫酸，晾干备播。

（2）播种　苦豆子种子萌发适宜温度为 25~30℃，5cm 地温稳定在 12℃时为适宜播种期。播种方式采用条播，行距 45~50cm。播种沟宽 1~2cm，沟深 1.0~1.5cm，播种后覆土 1cm，播种量为 4.5~5.0kg/亩。

3. 播后管理

（1）定苗　苗高 10cm 时，按照株距 10cm 进行定苗，间苗应保壮除弱，并在缺苗处适当补苗。

（2）灌溉　6 月、7 月中旬灌水两次，每次灌水量 100m³/亩，10 月上旬秋灌压盐，灌水量为 200m³/亩。全生育期灌水量为 560m³/亩。

（3）追肥　7月中旬追肥，氮、钾肥料追肥量为氮肥 5~5.5kg/亩，钾肥 2.3~2.5kg/亩。

（4）中耕除草　在 6月、7月中旬分别进行人工除草，或用除草剂 50%二氯喹啉酸可湿性粉剂除草。

（5）病虫害防治　7月中下旬有蚜虫虫害，侵害部位有叶片、茎部，症状是叶片发白、卷曲，用 40%氧化乐果 1 500~2 000倍液喷雾防治。

4. 留种技术

选择生长良好无病虫害的苦豆子作为采种植株。11月上旬，苦豆子荚果变为黄褐色时及时采收。种子采收后需及时摊开晾晒，除去杂质，风选除屑后，装入透气袋中，放在阴凉通风处储藏。

5. 苦豆子药材采收

药用全草在 9月下旬采收。种子在 11月上旬荚果变为黄褐色时采收。人工或机械采收苦豆子全草、荚果，采收后及时摊开晾晒，脱粒。包装前检查，挑出杂质、异物和非药用部位，以保证药材纯度。包装容器要无污染、无破损。贮藏苦豆子的仓库应通风、干燥、避光，最好有空调和除湿设备，以保证药材安全存放，不发生霉变和虫害。

骆驼蓬

骆驼蓬，蒺藜科，骆驼蓬属，多年生草本植物，又名臭古朵等。

经济价值：骆驼蓬具有药用、饲用、油用等价值，也是一种生态植物。全草与种子均可入药，全株能祛湿解毒、活血止痛、止咳；可治疗关节炎、气管炎等；种子能祛风湿，强筋骨，主治瘫痪、筋骨酸痛等。种子可做红色染料，榨油可供轻工业用。全草还可做杀虫剂。叶子揉碎能洗涤泥垢，代肥皂用。骆驼蓬是低等饲用植物，青鲜状态可供山羊、绵羊采食，冬春季干燥状态下，骆驼、山羊、绵羊、马可采食。骆驼蓬具有良好的固沙作用，在沙地和有浮沙的沙化土地上，能防止风蚀和起沙。另外，骆驼蓬花期长，是蜜源植物之一。

适应性：骆驼蓬是耐盐碱的强旱生植物。

栽培技术要点：

1. 选地

选择土质疏松、肥沃、排水良好、光照充足的地块，要求开阔通风，温暖干燥，年日照时数大于 2 500h。土壤以排水良好的弱碱性沙质壤土或沙土为佳。产地应具有灌溉条件，排灌良好，土地坡度<10°，便于机械作业。

2. 整地做畦

每亩施农家肥 3 000~4 000kg 或磷酸二铵 8~10kg，深耕，耙好耧平，做成宽约 1.5m 的平畦，畦要整细。

3. 播种

春播或秋播均可。春季在地表解冻后即可播种，宜早不宜晚。秋季在霜冻前播种。在整好的畦内浇足水，待水渗下，按行距 30~40cm 开 1cm 左右深的浅沟，将种子与细沙或细土拌匀，撒于沟内，然后覆一薄层细土即可。每亩用种量为 0.4~0.5kg。

4. 田间管理

(1) 中耕除草 幼苗出土后，如有杂草，应及早拔除或结合中耕除掉。一般来说，需拔草 2~3 次。在幼苗封行前及春夏杂草容易滋生时，及时除草，可以减少病虫害，促进骆驼蓬植株旺盛生长。

(2) 间苗定苗 结合 1~2 次中耕除草，对过密的小苗及时进行疏间，在苗高 6~8cm 时，按株距 20~25cm 定苗。

(3) 灌溉与排水 骆驼蓬在幼苗期喜湿润，在种子萌发期及幼苗期，畦面应保持湿润，过于干燥时要及时浇水。一个生长季节内，20~30d 浇水一次，每次浇透。夏季多雨时期，应及时排涝，以免积水烂根，造成植株死亡。

(4) 追肥 视生长状况，可于 5 月下旬及 6 月底，分两次薄施少量氮肥；7 月初可追施少量氮磷复合肥。

5. 采收

种子繁殖的第二年开始采收，在 7—8 月种子变褐成熟后进行，一次割取植株地上部分。宜选择晴天露水干后进行，以便收获后的药材能在场地上及时晒干或在通风处阴干。将采收的骆驼蓬全草置于晾晒场干燥至七八成干时，打下果序和种子，再晒至全干，除去杂质。防潮贮存。

柽　柳

柽柳，柽柳科，柽柳属，落叶灌木或小乔木植物，又名垂丝柳、西河柳。

经济价值：柽柳具有药用价值，也是一种观赏植物。柽柳枝叶是传统中药，其味干、咸、性平，可解毒、祛风、透疹、利尿。此外，其常被栽种为庭园观赏植物。

适应性：柽柳植株根系发达，萌生力强，容易繁殖和栽培，耐旱、耐盐碱、耐贫瘠和沙埋，适应性极强，栽培极易成活，对土壤要求不严，山区、平原、丘陵、平地、坡地、荒山等均可生长。

栽培技术要点：

1. 选地

柽柳适应性很强，疏松的沙壤土、碱性土、中性土均可作为栽培地。可选择排灌方便，土质疏松，春季播前 0～20cm 土层全盐含量为 0.5%～1.5%，土壤 pH 值为 8.00～9.50 的土地。

2. 繁殖

（1）种子繁殖

①采种：柽柳种子细小，待花序上多数果实变黄色时采收，阴干后筛除小枝等粗物，干燥通风保存。

②播种：可夏播或翌年春播，一般夏播较好。由于种子细小，采用床播，水面落种，床宽为 100～150cm，长为 10～20m，灌满水后，按 1g/m² 种子量，均匀撒在水面，轻轻拍打，使种子浸入水中，待水面降落后，再在上面撒上薄薄 1 层细土或粉沙，保持土壤湿润，播后 3d 内即可出苗。适当追肥、浇水、锄草松土。

（2）扦插育苗

①扦插材料：选择生长健壮的 1 年生萌芽条或苗干做插条，粗 1～1.5cm，剪成长 10～20cm 的插穗，下剪口呈大斜剪口。

②插穗处理：用0.1%多菌灵药液浸泡1~2min，抖落水滴后再用1 000mg/LNAA或100mg/L生根粉水溶液（或ABT1号生根粉）浸渍基部20~30s，备插。

③扦插方法：秋插或春插皆可。春插在2—3月进行，选用一年生以上健壮枝条，长15~20cm，行距40cm，株距10cm，直插于苗床，插穗露过土面3~5cm。插后每隔10d灌水1次，到4—5月即可生根生长，成活率达80%~90%以上。平时稍加管理，适当浇水施肥，一年生苗木可高达1m以上。秋插于9—10月进行，以当年生枝条为插穗，方法同春插。

此外，还可用压条、分根法繁殖。

3. 定植技术

定植苗以大苗为好，要求壮苗高1m，粗0.7~1cm，秋冬早春均可定植，植株行距2m，株距50cm，栽前在水中浸泡1~2h，根系较长的剪留15~20cm，挖直径30~40cm，深30cm的定植穴，把苗木放在穴内，边填土边踩实，随即浇透水，20d浇1次水。

4. 田间管理

栽后适当加以浇水、追肥。柽柳极耐修剪，在春夏生长期可适当进行疏剪整形，剪去过密枝条，以利通风透光，秋季落叶后可再进行一次修剪。

5. 虫害防治

柽柳树主要害虫有梨剑纹夜蛾，为害叶片，可在幼虫期以敌百虫800~1 000部液喷洒防治。此外，若出现蚜虫，可用40%乐果2 000倍液喷杀。

枸　杞

枸杞，茄科，枸杞属，灌木，又称苟起子、枸杞红实、甜菜子、西枸杞、狗奶子、红青椒、枸蹄子、地骨子、枸茄茄、红耳坠、枸地芽子、血杞子、津枸杞等。

经济价值：枸杞具有药用价值，有养肝、滋肾、润肺、补虚益精、清热明目等功效。

适应性：枸杞喜冷凉气候，耐寒力很强。根系发达，抗旱能力强，在干旱荒漠地仍能生长。枸杞多生长在碱性土和沙质壤土，最适合在土层深厚，肥沃的壤土上栽培。

栽培技术要点：

1. 选地

可选择光照充足，土层深厚，灌排方便，地力水平中等，春季播前 0~20cm 土层土壤全盐含量在 0.5% 以下，土壤 pH 值为 7.80~9.00 的壤土和沙质壤土，但不可选择长期积水的低洼地。

2. 整地施肥

一般在栽种前，结合深翻施入切碎的农作物秸秆 400kg/亩、优质农家肥 2.3~2.6kg/亩、过磷酸钙 46.5kg/亩。按 100m 间距设置沟渠，沟深 1.8m，使灌排水畅通。打埂划地，做到地面平整。

3. 选择良种，定植壮苗

选用优质耐盐壮苗，应选用优良品种宁杞 1 号等，苗茎粗应在 0.6cm 以上。于 4 月上中旬定植，株行距 1.0m×1.5m，栽植密度约 445 株/亩，栽植当年就可结果，3~4 年进入盛果期。

4. 田间管理

(1) 水肥管理　在 5 月下旬和 6 月下旬，结合灌水分别追施尿素 20kg/亩；

从 6 月初开始，每隔 15~20d 向树冠喷施 5g/kg 的磷酸二氢钾水溶液100~130 kg/亩。在 5 月初至 6 月下旬，每隔 25d 左右灌水 1 次；在 7 月初至 8 月下旬，每隔 20d 左右灌水 1 次；在 9 月上旬至 10 月下旬每 30d 左右灌水 1 次。5 月初的头水和 10 月下旬的最后一水，灌水量要大，灌水量 60~80m³/亩；生长季节中的灌水量要小，积水应及时排出。

（2）整形修剪　盐碱地上种植的枸杞，树形应整修为主干低、树冠矮的半圆形或圆锥树形，将树冠高度控制在 1.5m 左右，冠径控制在 1.6m 左右。第 1 年栽植后，当幼树长到 50~60cm 高时要剪顶定干；然后在主干周围选 3~5 个分布均匀的健壮枝作第 1 层主枝，并在 10~20cm 处短截，使其再发分枝；当第 1 层主枝发侧枝后，每主枝的两侧再各留 1~2 个分枝，在分枝 10cm 处摘心，培养成大侧枝。第 2 年以后，要对徒长枝进行摘心利用，逐步扩大，充实树冠。若第 1 年选留的主干枝背部发较直立的徒长枝，应选留 1 个枝作主干的延长枝，并在 20cm 左右处摘心；当延长枝发出分枝后，在其两侧各选 1 个枝在 10cm 左右处摘心，培养成大侧枝，然后在侧枝上培养结果枝。若主干上部发生直立徒长枝时，选 1 个枝在高于树冠 15cm 左右处摘心，待发生分枝时再选留 4~5 个分枝结果。对多余的枝条要及时剪去。经过 5~6 年的整形，就可实现对树形的要求。

春季修剪在 4 月中下旬进行，主要是剪去越冬后干死的枝条、枝梢。夏季修剪在 7~8 月进行，主要是对徒长枝进行消除或选留利用。秋季修剪在 10—11 月进行，主要是剪去主干基部和冠顶的徒长枝，消除老弱枝和病虫枝。

（3）病虫防治　枸杞虫害主要有枸杞蚜虫、木虱、红蜘蛛、锈螨、瘿螨等，可选用 50%氧化乐果乳油 1 500~2 000 倍液，或 20%速灭杀丁乳油3 000~4 000倍液，用药时要注意各种农药的轮换，以减免害虫对药剂产生抗性。枸杞的病害主要有枸杞黑果病、流胶病等，可用 50%退菌特可湿性粉剂 500~600 倍液、4~5波美度石硫合剂喷雾防治。

5. 果实采收

当果实八九成熟时，选择晴朗天气的上午或傍晚采果。早晨有露水时或雨后不宜采摘。采收时要轻采、轻拿、轻放，果筐一般以盛 10kg 以下为宜，以防果实相互挤压破损。

黑果枸杞

黑果枸杞，茄科，枸杞属，多棘刺灌木。

经济价值：黑果枸杞具有药用价值，也是一种生态植物。其味甘、性平，富含蛋白质、枸杞多糖、氨基酸、维生素、矿物质、微量元素等多种营养成分。此外，黑果枸杞也可作为水土保持的灌木。

适应性：黑果枸杞适应性强，多长于高山沙林、盐化沙地、荒漠河岸林中，喜阳、耐寒、耐旱、耐碱、耐瘠薄，喜盐碱荒地、盐化沙地、河滩等各种盐渍化环境土壤，自然寿命40~60年。

栽培技术要点：

1. 选地整地

选择地势平坦、灌溉方便、土质肥厚、土壤pH值为7~8.5，可溶性盐不大于0.3%的沙壤、轻壤和中壤土，地下水位在1.2m以下为宜。施厩肥2 000~3 000kg/亩，秋季深耕20~30cm，浇冬水。翌春浅耕细耙，做宽1.2m畦。

2. 种子采集与贮存

野生状态下的黑果枸杞成熟采果期为7—10月，当果实变为紫黑色，颗粒饱满即可采摘，如不及时采摘，果实不会自行脱落，会在枝头风干。采集时可选生长旺盛、植株较高、结果量大的母株采集。浆果采摘后要及时晾干，存放于凉爽的地方。采种是将种子采取纱布包裹水洗脱粒法，后再用细笋滤洗，清洗粘连在种子上的果肉，除去杂质滤出种子。随后晾干或早晚太阳晒干，忌曝晒。净种采用人工净种法。种子晾干选优后用纺织袋置于干燥、通气，温度为-5~1℃处贮藏。

3. 育苗

（1）播种育苗　春秋两季将种子净化处理，去除发霉的种子，由于黑果枸杞糖分含量较大，因此要用大量清水冲洗干净，再用0.3%~0.5%的高锰酸钾浸泡种子 2~4h 进行消毒，捞出后用清水洗净。撒播前按种沙比 1:3 的比例混拌，将种沙均匀撒播于合适的苗床上，稍覆细沙后浅浇水，每一两天在沙面喷洒清水，保持土壤湿润。条播按行距 30cm 开沟，沟深 0.5~1cm，种子掺些细沙混匀，均匀播入沟内，稍覆细沙，轻镇压后浇水，保持土壤湿润，每隔 1~2d 小水浅灌 1 次，温度在 17~21℃时，5~7d 出苗。播种量 1~1.5kg/亩，产苗 4 万~5 万株/亩。穴播可采取每穴点播二三粒的形式，也可用容器在温室育苗，等苗高 20cm 左右再移出温室，大田种植。若无浇水条件或水源不足时，播后稍覆细沙及土，然后用塑料地膜覆盖，再在地膜上全面覆土 1.5~2cm，以透不进阳光为宜，每天观察，待出芽后选阴雨天气揭去地膜。

（2）扦插育苗　扦插可在春季发芽前和秋季进行。选取优良单株上 1 年生徒长枝或粗壮、芽子饱满的枝条，剪成 15~18cm 长，按株距 20cm、行距 50cm，将插条斜插入整好的畦中，然后压紧、踏实、浇水，保持土壤湿润，成活率可达 85%~90%。及时中耕除草，苗木生长 20cm 以上时要选留一个位置正中、生长旺盛的枝条为主枝，其余枝条及萌发的侧枝要及时剪去，以培育壮苗。

（3）分根育苗　黑果枸杞根系发达，根萌生能力强，可截断主根在其周边萌发新苗株，经分蘖后培植少量新苗。在春季挖取母株周围的根蘖苗，归圃培育。

4. 育苗期管理

（1）中耕除草　种子出苗后要及时松土除草，杂草不宜生长过大，以免除草时带出幼苗，一年内结合灌水进行 4~6 次松土除草。

（2）灌溉　幼苗 10cm 以下时，尽可能不灌水，根据土壤湿度情况适时灌水，一般一年内 4~6 次，每次灌水不易过深，不得超过苗木自身高度。

（3）间苗　6 月中旬，当苗高 3~5cm 时，间疏弱苗和过密苗，间苗宜早不宜迟，防止伤及邻近苗木。7 月中旬左右，进行定苗，留苗株距 10~15cm，留优去劣，去弱留强。

（4）追肥　于 6 月中下旬，结合灌水追施速效氮肥 1~2 次，7 月中下旬再追施 1 次二铵，8 月以后不再施肥。

（5）病虫防治　病虫害有蚜虫、瘿螨、锈螨、木虱、枸杞负泥虫、枸杞白粉病、根腐病等，可用3~5波美度石硫合剂，或3%高渗苯氧威3 500倍液，或5%吡虫啉乳油2 000~3 000倍液喷洒。蚜虫大量繁殖时用50%抗蚜威可湿性粉剂2 000倍液或与40%乐果乳油1 000倍液混合喷洒。

5. 移植

35~40d生的黑果枸杞平均苗高20~40cm，当苗木根茎粗大于0.6cm时，即可出圃造林，定植时选阴天或早晚间，以免灼伤幼苗。定植时连袋移植，注意尽量不把袋装土弄碎，保持主根完整。株行距30cm×50cm，定植后立即浇水，成活率可保持在95%。

6. 田间管理

田间管理重点为整形修剪。修剪分春剪、夏剪、冬剪，1~4年龄的初果期，夏季修剪是关键。冬季修剪在枸杞落叶后至春芽萌动前进行，一般2—3月修剪为宜，主要是剪除根部萌蘖和主枝上40cm以下的枝条，疏除树膛内影响树冠延伸、堵光和树势平衡的大中型强壮枝及徒长枝，以及不结果或结果少的老弱病残枝等，使树冠枝条上下通顺。黑果枸杞2年挂果，5年进入盛果期，其整形必须在定植的前三年完成。定植当年在高度40~60cm短截全部枝条，留4~5个方向不同、发育良好的主枝，此为第一层，然后每30~40cm留一层，每层留2~5个主枝条，随层数增加主枝少量递减，最终将整个树形修剪成一个三四层的伞状形态，在此基础上每年对其进行适当的修剪整形，不断调整好生长和结果的关系，创造良好的通风透光条件，保持稳定健壮的树势，以期达到持续、优质、高产的目的。

7. 采收制干

采收时间：初期为6月中旬至6月下旬，7~9d采摘一次；盛期为7月上旬至8月中旬，五六天采摘一次；末期为9月中旬至10月下旬，8~10d采摘一次。黑果枸杞为无限花序，开花坐果与成熟时间不一致，一般当果实成熟度达到八九成时（果色黑紫、果肉软、果蒂松）即可采摘，注意要带果柄采摘。采收必须坚持三轻两净三不采的原则：轻采、轻拿、轻放，防止鲜果被挤压破损；树上采净，树下掉落的拣净；早晨有露水不采，喷农药间隔期不到（间隔5~7d）不采，阴天或刚下过雨不采。

　　农户栽植的小面积黑果枸杞，以自然制干法为主，及时将采摘的成熟果实，摊在果栈上，厚度不超过3cm，一般以1.5cm为宜，放阴凉处晾至皮皱，然后曝晒至果皮起硬，果肉柔软时去果柄，再晾晒干；不宜曝晒，以免过分干燥，晒干时切忌翻动，以免影响质量。遇多雨时宜用烘干法，先用45~50℃烘至七八成干后，再用55~60℃烘至全干。

苦荞麦

苦荞麦，蓼科，荞麦属，一年生草本植物，别名菠麦、乌麦、花荞等。

经济价值：苦荞麦具有药用、食用等价值。其味苦、平、寒，有益气力、续精神、利耳目、降气宽肠健胃的作用。

适应性：苦荞麦多生长于海拔500~3 900m的田边、路旁、山坡、河谷等地，喜凉爽湿润，不耐高温旱风，畏霜冻。积温10~15℃即可满足其对热量的要求。种子在土温16℃以上时4~5d即可发芽；开花结果最适宜温度为26~30℃。

栽培技术要点：

1. 选地整地

尽量选择有机质丰富、结构良好、养分充足、保水力强、通气性好的土壤。苦荞麦最忌连作，实行轮作倒茬，对茬口选择不严格，比较好的前作是豆类、马铃薯，其次是玉米、小麦、菜地。选好地后，秋、冬季大水洗盐后晒田。辅以深耕，深耕一般以20~25cm为宜，深耕又分春深耕、伏深耕和秋冬深耕，以伏深耕效果最好。

2. 施足基肥

苦荞麦生育期短，花期长，需养分多。结合整地，播前每亩施用腐熟农家肥1 000kg，8kg过磷酸钙。

3. 选用良种

选择生育期适中的品种，大而饱满的种子。播前可用清水选种，将种子倒进清水缸里，弃掉漂浮的秕籽，将沉在水底的饱满种子捞出晾干，准备播种。

4. 适时早播，合理密植

适时早播有利于苦荞麦结实，增加籽实产量。亩播种量一般3~4kg，合理密植。主要有条播、点播、沟播、撒播等方式，一般采用条播。条播根据地力和品种的分枝习性，分窄行条播和宽行条播。厢宽150~200cm，厢沟深20cm，宽33cm，播幅13~17cm，在春旱严重、墒情较差时，深墒播种。人工点播行距27~30cm，窝距17~20cm，每穴下种8~10粒种子，待出苗后留苗5~7株。

5. 田间管理

（1）间苗定苗　播种时遇干旱要及时镇压、踏实土壤，减少空隙，使土壤耕作层上虚下实，以利于地下水上升和种子的发芽出苗。播后遇雨或土壤含水量高时，会造成地表板结，苦荞麦子叶大、顶土能力差，可用钉耙破除板结，疏松地表。破除地表板结要注意，在雨后地表稍干时浅耙，以不损伤幼苗为度。幼苗长至2~4片叶时，及时定苗。苗期前后应做好田间的排水工作，水分过多对苦荞麦生长不利。

（2）中耕除草　一般中耕两次，苗高5~7cm时第一次中耕；开花封垄前中耕第二次，并结合培土，去除杂草。

（3）施肥　苗期追施5~8kg尿素，初花期用1%硼砂水溶液进行叶面喷施，能显著提高结实率。

（4）灌溉　开花灌浆期如遇干旱，应灌水。

（5）花期管理　苦荞麦是异花授粉作物，开花前2~3d，每亩安放蜜蜂1~3箱。在没有放蜂条件的地方采用人工辅助授粉方法，以牵绳或长棒赶花为好。

（4）病虫害防治　防治立枯病、轮纹病、褐斑病可每100kg种子使用40%五氯硝基苯粉剂1kg拌种。钩刺蛾用90%敌百虫1 000~2 000倍液喷雾。

6. 适时收获

苦荞籽实成熟延续时间长达20~45d，种子容易脱落，要适时收获。荞麦的收获适期一般在70%的籽实变成黑褐色并呈现出品种固有的颜色时。苦荞收获宜在清晨，此时空气湿度大，籽粒不易碰落。苦荞收回后，宜将收割的植株竖堆，使之后熟。但要避免堆垛，以防引起垛内发热，造成种子霉烂。

紫花地丁

紫花地丁，堇菜科，堇菜属，多年生草本植物，又名箭头草、独行虎、羊角子、米布袋、铧头草、光瓣堇菜等。

经济价值：紫花地丁具有药用、食用、园林绿化等价值。全草供药用，具有清热解毒，凉血消肿，清热利湿的作用。嫩叶可作野菜，还可作早春观赏花卉。

适应性：紫花地丁适应性强，喜半阴的环境和湿润的土壤，但在阳光下和较干燥的地方也能生长，耐寒、耐旱、耐轻度盐碱，对土壤要求不严。

栽培技术要点：

1. 选地

宜选择排水良好的沙质壤土、壤土栽培，忌涝，不宜在低洼地或者易积水的地区栽培。

2. 育苗

紫花地丁种子细小，一般采用穴盘播种育苗方式。床土一般用 2 份园土、2 份腐叶土、1 份细沙混合而成。播种时可采用撒播法，用小粒种子播种器或用手将种子均匀地撒在浸润透的床土上，覆土厚度以不见种子为宜。播种时间一般为：春播在 3 月上中旬，秋播在 8 月上旬。播种后控制温度为 15~25℃，一周左右出苗。

3. 自然繁殖

紫花地丁自繁能力很强，也可按分株栽植法，在规划区内每隔 5m 栽植一片，种子成熟后不用采撷，任其随风洒落，自然繁殖。

4. 幼苗期管理

小苗出齐苗后要加强管理，特别要控制温度以防小苗徒长，此时光照要充足，温度控制在白天 15℃，夜间 8~10℃，保持土壤稍干燥。当小苗长出第一片真叶时开始分苗，移苗时根系要舒展，底水要浇透。分苗后保持白天温度为 20℃左右，夜间温度为 15℃左右，并可适量施用腐熟的有机肥液促进幼苗生长，当苗长至 5 片叶以上时即可定植。

5. 生长期管理

紫花地丁抗性强，生长期无需特殊管理，可在其生长旺季，每隔 7~10d 追施一次有机肥。生长期间注意拔除杂草，雨季注意排水。

6. 种子的采收

紫花地丁的种子在成熟以后干燥，会急速开裂，将种子弹出。因此，应在蒴果立起之后，种实尚未开裂之前采收。在种子晾晒过程中，应该注意用窗纱将蒴果盖好，以免种子弹掉。然后过筛，将种子进行干贮。

车 前

车前，车前科，车前属，二年生或多年生草本植物，又名车前草、车轮草等。

经济价值：车前具有药用、食用价值。全草可药用，味甘、性寒，具有利尿通淋、清热明目、祛痰止咳的功效。幼苗可食，沸水轻煮后，凉拌、蘸酱、炒食、做馅、做汤或和面蒸食。

适应性：车前草适应性强，耐寒、耐旱，对土壤要求不严，在温暖、潮湿、向阳、沙质沃土上生长良好，生长适宜温度为20~24℃。

栽培技术要点：

1. 整地施肥

选择地势高、排水良好、光照充足、比较肥沃的轻盐沙质壤土为宜。深耕20~25cm，耙细整平，做1m宽、15~20cm高的平畦。车前草根系主要分布在10~20cm耕作层内，因此整地要精细。亩施厩肥500~1 000kg或有机质基肥4 000kg，捣细撒匀。天旱时向畦内灌水，待水渗下后将畦面锄一遍，耙平，以待播种。

2. 播种

前一年6—10月陆续采收成熟种子，翌年春季播种，条播或撒播均可。播种前用70%甲基托布津或50%多菌灵粉剂掺细沙混拌播种。条播行距为15~20cm，株距6~7cm，亩用种量0.3kg，播前开浅沟，深1~1.5cm，播后少盖些土，以不见籽为宜，并镇压一次，防止土壤水分蒸发。因种子发芽慢，如土壤干旱，播后2~3d可喷1次水，水流要小，干后浅松土，避免将种子露出。播后10~15d出苗。

3. 田间管理

(1) 苗期管理 有2片真叶时，追施1次淡尿水肥，以后每隔1周施肥1

次，整个苗期约1个月。

（2）间苗补苗　齐苗后应及时间苗、拔除杂草。当苗高6~7cm时，即可结合间苗采收幼苗供食，每穴留2株健壮苗。若出现缺苗现象，应及时补苗。

（3）中耕除草　车前草种子细小，出苗后生长缓慢，易被杂草抑制，因此幼苗期应及时除草，一般1年进行3~4次松土除草。

（4）追肥　车前草喜肥，施肥后叶片多，产量高。根据幼苗长势合理施肥，一般进行3次追施。第一次于5月，每亩施稀薄人畜粪水1500kg；第二次于7月上旬，每亩施磷酸二铵10kg，增施钾肥，每亩30kg；第三次于采种以后，每亩沟施厩肥1500kg。而当车前抽薹开花时，应施1~2次壮籽肥，以利抽穗，促其籽粒饱满，过早抽穗的植株随时摘除。每次追肥应选晴天，先中耕除草，后施肥。

（5）病虫害防治　白粉病应及时清除杂草、病株，发病初期用50%甲基托布津1000倍液，或25%敌力脱1000倍液，或10%世高1000倍液进行喷雾防治。穗枯病发病初期喷施20%杀菌霸800倍液，或1000倍液，或10%世高1000倍液，每隔7d喷1次，连喷3~4次。褐斑病发病初期用10%世高1000倍液或1500倍液体进行喷雾防治，每隔7d喷1次，连喷2~3次；或在始穗期用50%多菌灵或甲基托布津100g/亩加乐果100ml兑水45kg叶面喷施，每隔7d喷1次，连喷2~3次即可。霜霉病发病初期及时喷洒50%甲霜铜可湿性粉剂600~700倍液，或64%杀毒矾可湿性粉剂400~500倍液，或80%三乙膦酸铝可湿性粉剂400~500倍液，或72.2%普力克水剂700~800倍液，每隔7~10d喷1次，连喷2~3次。车前圆尾蚜防治是在幼苗期喷40%乐果乳油2000倍液，每隔7d喷1次，连喷3~4次；成株期喷40%乐果乳油1500~2000倍液，或喷50%马拉松乳油1000倍液，每隔5~7d喷1次，连喷3~4次。土蚕、毛虫防治是在苗期用50%多菌灵或托布津100g/亩加辛硫磷100ml/亩兑水100kg叶面喷施。蛴螬、蝼蛄防治可用敌百虫毒饵诱杀，或用50%辛硫磷乳油1000倍液浇灌。造桥虫防治可喷洒40%乐果乳剂1500~2000倍液。

4. 采收加工

在5月中下旬，当车前草果穗下部果实外壳约呈淡褐色、中部果实外壳呈黄色、上部果实已经收花时，即可收获。可分批采收，将先成熟者剪下，注意不要伤及不成熟的果穗及叶片，每隔 3～5d 割穗 1 次。收割果穗宜在早上或阴天进行，以防裂果落粒。利用晴天晒穗，脱粒，清扬过筛，去杂质，即可得到干净的车前子，曝晒 1～2d，晒干后用塑料袋装存在干燥处保存，即为成品。成品车前子种子呈椭圆形、不规则长圆形或三角状长圆形，略扁，长约 2mm，宽约 1mm，表面黄棕色至黑褐色，有细皱纹，一面有灰白色凹点状种脐，质硬、气微、味淡。

草决明

草决明，豆科，决明属，一年生亚灌木状草本植物，又名决明子、假花生、假绿豆、马蹄决明等。

经济价值：草决明具有药用、食用、染色等价值。草决明的药用部位是种子，味苦，性微寒，有清肝、明目、通便之功能，可用于头痛眩晕，大便秘结等症。决明子还可提取蓝色染料。此外，其苗叶和嫩果可食。

适应性：草决明喜温暖湿润气候，不耐寒冷，怕霜冻，但对土壤要求不严，耐轻度盐碱。

栽培技术要点：

1. 选地

在平地或向阳坡地选择排水良好，土质深厚、疏松的沙质壤土，稍碱性土壤最佳。

2. 整地施肥

播种前将土地耕翻 1 次，施足底肥，每亩施腐熟好的厩肥、堆肥或土杂肥 2 000~2 500kg，过磷酸钙 50kg 或钙镁磷肥 100kg，均匀施入地面，再翻耕耙平，整平耙细后，做宽 1.2m 的平畦或高畦。

3. 播种

草决明种子发芽的最佳温度为 25~30℃，北方于 4 月上中旬适时播种为宜。播前应对种子进行处理，可用 50℃的温水浸种 12~24h，使其吸水膨胀后，捞出晾干表层，拌草木灰即可。亩用种量为 1~1.5kg，可穴播也可条播。穴播是在做好的畦面上按株距 50cm、行距 50cm 开穴播种，穴深由墒情而定，墒情好，穴深 3cm，覆土 1.5~2cm；墒情差时，覆土 2cm，每穴播 5~6 粒，稍加镇压。条播按行距 50~60cm，开 2~3cm 浅沟，将种子均匀撒入沟内，然后覆土 3cm，稍压实。播种后保持土壤湿润，7~10d 发芽出苗。也可覆盖地膜。

4. 田间管理

（1）间苗、定苗、补苗　草决明幼苗出土后，当苗高3~5cm时，剔除小苗、弱苗与过密的苗，每穴留3~4株壮苗；当苗高10~15cm时，结合松土除草，按株距30cm定苗，每穴留壮苗2株。如发现缺苗，及时补栽，做到苗齐、苗全、苗壮。若为了"单株密植"，根据土地肥力，也可按株距20cm左右定苗。

（2）灌溉与排水　草决明生长期需水比较多，特别是苗期，注意勤浇水，保持畦面湿润；雨季要注意排水，长期水积容易枯死而造成减产。

（3）中耕除草和追肥　出苗后至封行前，要勤于中耕，雨后土壤易板结，要及时中耕、松土。中耕除草后，结合间苗，进行第一次追肥，每亩施腐熟人粪尿水500kg；第二次在分枝初期，每亩施人粪尿水1 000 kg，加过磷酸钙40kg，促进分枝；第三次在封行前，每亩施腐熟饼肥150kg，加过磷酸钙50kg，促进果实发育充实，籽粒饱满。草决明根部有根瘤菌，能起固氮作用，不需大量施肥。在草决明即将成熟或将收获时，不宜追肥。

（4）培土打底叶　苗高40cm以上，最好根部培土，以防倒苗。另外，需打底叶，以利通风受光，增强籽粒饱和度，达到高产、稳产的目的。

（5）病虫防治　灰斑病与轮纹病需及时拔除病株，集中烧毁深埋；发病的病穴用3%的石灰乳进行土壤消毒；发病初期用50%的多菌灵800~1 000倍液喷雾防治，7~10d喷1次，连续2次。蚜虫可用40%的乐果2 000倍液喷雾防治或1∶10的烟草、石灰水进行防治。蛞蝓早晨撒石灰可防治。也可将去掉大蒜头的大蒜茎叶切成6~7cm的小段，每亩用80~100kg和草木灰150kg，均匀撒在地里，让其自然腐烂，具有较强的杀菌作用，对防治灰斑病、轮纹病及蚜虫有较好的效果。将干草木灰研磨过筛，在早晨露水未干时喷洒在草决明的叶茎上，隔5~6d再喷洒1次，连用2~3次，可防治蚜虫。

5. 收获

春播草决明于当年秋季9—10月果实成熟，一般在秋季9月，荚果由青转黄时，大田谨防人畜入内，防止碰撞荚果使籽粒炸落。霜降过后，当植株上大部分果荚由绿色变为黄褐色或黄色未开裂前，当荚果变成黑褐色时，适时采收，选晴天早晨待露水未干时，割掉全株，晒干，打出种子，去净杂质，即得成品。成品以足干、颗粒饱满、无杂质、无虫霉者为优质药材。

食用菊花

食用菊花，菊科，菊属，多年生宿根草本植物，别名食菊、甘菊。

经济价值：食用菊花可做药用，含有菊甙、氨基酸等多种对人体有益的成分，性味甘、凉，具有疏风、清热解毒、养肝明目等功效，可治疗头痛、眩晕、目赤、心胸烦热、疔疮、肿毒等病。

适应性：食用菊花喜温暖，不耐涝，土壤过湿时易发生叶斑病和锈病，一般可露地越冬，北方寒冷地区除外。较耐寒，5℃以上萌动，10℃以上抽生新芽，15.5℃生长旺盛。初秋自枝梢生花蕾，10月开花。分蘖能力强，摘心后侧枝生长繁茂。短日照植物，不耐高温，要求光照充足。耐轻度盐碱。

栽培技术要点：

1. 选地整地

尽量选择排水良好，肥沃、疏松，含腐殖质丰富、松软通透且保肥能力强的地块。选好地后将其深翻至少25cm，结合深翻进行灌溉洗盐，返盐季节，灌2~3次水为宜。种植前一年的秋末深翻深耕，晒田，进行消毒，消灭病虫菌，然后施基肥。

2. 施肥做畦

施足底肥，一般每亩施农家肥3 000~4 000kg或精制有机肥500kg、磷酸二铵20~25kg。化肥和有机肥混合施用，精制有机肥以沟施为主，农家肥以撒施为主，施后深翻25~30cm。精细整地，整平后筑高畦，畦宽70~80cm、高20~25cm，沟宽30cm、深40cm。

3. 适时定植

（1）扦插繁殖　繁殖方法主要以扦插繁殖为主，选择距植株较远，芽头丰满、土下茎长5~8cm、带根的脚芽为好，无根的最好蘸些生根粉。然后将枝梢上的叶片摘除2/3左右，再将扦插基部放入高锰酸钾中一刻钟左右进行消毒。

选阴天或雨后或晴天的傍晚进行，在整好的畦面上，将枝梢垂直插入苗床中，深度为枝梢的一半左右为宜。栽植不能过深，以 3~4cm 为好，采用双行错位定植，覆盖地膜，避免水分蒸发过快，降低病虫害发生率，然后做好遮阴工作，2 个星期左右便会成活。早熟品种株距为 20~25cm，可定植 4 500 株左右；中晚熟品种株距为 28~30cm，可定植 3 700~4 000 株。定植时将菊花苗的根朝下尽量舒展，尽量卧栽，有利于根系生长。

（2）分株定植　可在 11 月收摘菊花后，将菊花茎齐地面割除，选择生长健壮、无病害的植株，将其根全部挖出，重新栽植在一块肥沃的地块上，施一层土杂肥，保暖越冬。翌年 3—4 月扒开粪土，浇水，4—5 月菊花幼苗长至 15cm 高时，将全株挖出，分成数株，立即栽植于大田，栽时株行距为 40cm，挖穴，每穴栽苗 1~2 株，栽后盖上压实，浇定根水，一般一亩老苗可栽 15 亩左右。

4. 田间管理

（1）中耕除草　菊苗移栽成活后，到现蕾前要进行 4~5 次除草。每次除草宜浅不宜深，同时要进行培土，防止菊苗倒伏。每次浇水后适时中耕除草，防止土壤板结。

（2）布置遮阳网与防虫网　定植前覆盖遮阳网，9 月中旬后可逐渐撤掉。定植前上下风口覆盖防虫网，以减轻虫害发生，尤其是黄色花品种。食用菊花为长夜短日性植物，喜充足阳光，稍耐阴，在每天 14.5h 的长日照下进行茎叶营养生长，每天 12h 以上的黑暗与 10℃ 夜温则适于花芽发育。但不同品种对日照的反应也不同，夏季强日照时应适当遮阴。

（3）水肥管理　生长期施腐熟稀粪水 3~5 次，每次摘心后浇施 1 次，每次每亩用人粪尿 100~150kg 加水浇施，同时每 100kg 人粪尿中加入尿素 0.3kg；菊花孕蕾时，每亩施猪牛粪 1 000kg 或氮磷钾复合肥 25kg；现蕾时喷施 1 次 0.2%~0.3% 磷酸二氢钾溶液。每次采收后可适当进行叶面喷肥。定植后要浇足定植水。生长前期水分管理以土壤见干见湿为主，随着植株的生长适当控制浇水量，尤其要在花芽分化期尽量控制水分，植株叶片不萎蔫不浇水；植株发生侧芽或现幼蕾时，适当增加浇水量，防止缺水。浇水次数与浇水量视具体情况而定，不宜大水漫灌，以免土壤湿度过大导致植株窒息死亡。开花期适当控制水分，以保证花质。菊花怕涝，雨季要及时，排除田间积水。

（4）摘心整枝　必须经常进行摘心、整枝、打杈和绑蔓等。定植后 2~3 周，植株有 5~7 片叶时，留 3~4 片叶摘心，3~4 周后，侧枝有 4~5 片叶时，留 2~3 片叶摘心。尤其菊花分枝后，苗高 25cm 时，选晴天摘去顶心 12cm，以后每隔半个月摘心一次，否则分枝过多。可在畦边拉线绑缚或竖杆绑缚，及时打掉植株下部老叶以保证田间通风良好，太高的植株要及时打尖。每株留 4~5 个侧枝，经常剥除侧芽，现蕾期及时疏蕾，每枝留 5~8 朵花。

（5）病虫害防治　食用菊花常见病害有褐斑病、白粉病及根腐病等，生长期可选用 80% 可湿性代森锌液或 50% 可湿性托布津液喷雾防治。食用菊花虫害主要有蚜虫、红蜘蛛、尺蠖、菊虎（菊天牛）、蛴螬、潜叶蛾幼虫等，可通过人工捕杀及喷药进行防治。药剂可用高效吡虫啉 3 000 倍液，或 20% 康福多浓可溶剂 3 000~4 000 倍液，或 25% 阿克泰水分散粒剂 4 000~6 000 倍液，或 50% 抗蚜威（辟蚜雾）可湿性粉剂 2 000~3 000 倍液等进行喷雾防治。

5. 采收与加工

早熟品种 9 月底至 10 月初开始采收，晚熟品种 11 月上中旬采收。70% 花开放时，选晴天露水干后采收，以后每隔 6~7d 采收 1 次，每次采收充分展开的花，从花下 5~10cm 处剪下，采下的花分级放置，剔除泥花和病虫花，不夹带杂物，捆扎或托盘包装。以朵大，花洁白或鲜黄，花瓣肥厚或瓣多而紧密，气清香者为佳品。要求不采露水花、雨水花，以防止腐烂。采花应实行分级采摘，边采边分级；鲜花采收后宜放置在干爽、通风、清洁、卫生的地方摊放，不宜堆放在一起，以免发热而烧坏鲜花。

采收后要及时加工，防止腐烂、变色。加工方式有蒸花、烘干和晒干等。蒸花选花时首先剔除烂花、花蒂、花梗、叶片、碎片及其他杂质，并按花朵大小进行分级，然后将鲜花薄摊于竹帘或竹筛上，晾晒 4~8h，以减少水分。蒸花前先将锅中水烧开，首先将晾晒后的花朵松散摊放在蒸笼里，不宜过厚，厚度以不影响花色又易于熟透为宜，然后将蒸笼置于已烧开水的锅中，每笼蒸 5min 左右，蒸花时间不宜过长或过短，蒸花时间过长，花过熟，成湿腐状，不易干燥，而且会影响花色；时间过短，花未蒸熟，干燥后易成黄褐色，滋味过于浓烈，影响质量。因此，蒸花时间以刚出笼时花朵呈不贴状也不呈湿腐状为宜。蒸花时锅内要保持一定水分，水过多，沸水易溅着花，使花成汤花，质量不佳；水过少，蒸花时间长，花色差，因此要及时添水，保持锅中水位。蒸花时，还应保持火力均匀，使笼内温度恒定。也可采用烘干或晒干方式进行加工，用于饮用的以烘干为宜，供药用的可晒干。烘干可采用茶叶烘干机也可采用烘箱或烘笼，操作方法与烘茶叶相同，烘温宜在 90~110℃，烘至用手捏成粉末即可下机。晒干时，将蒸好的花朵置于清洁卫生的晒具上，至六七成干时轻轻翻动一次，然后晒至全干。花未干透时，切忌用手捏、叠压，以免影响质量。干燥下机的花经摊凉后，需经筛、飘等精制，将片、末、碎、梗等分离，使精制后的商品花花朵大小均匀、完整、花色鲜艳，气味清鲜，滋味微苦带甘，无杂质，水分含量在5%以下。

6. 合理留种

在种植的时候，要适当将一部分植株作为留种用。在夏季的时候不可采收，让其自由生长，必要的时候还要适当追肥，提高植株的开花结籽率，提高种子的产量。当冬季种子成熟之后，剪除植株花朵。然后将花朵晾干，取出种子，采种后的老茬留在田里，任其在土中越冬。在第二年早春的时候可采收萌发的新嫩梢上市售卖。

7. 冬前处理

冬季地上部分枯萎之后，要及时割除茎秆，并且施足过冬肥，做好培土工作。帮助菊花成功越冬，促进春季萌发。

肉苁蓉

肉苁蓉，列当科，肉苁蓉属，多年寄生草本植物，别名寸芸、苁蓉、查干告亚（蒙语）等。

经济价值：肉苁蓉主要作药用，其干燥带鳞叶的肉质茎性甘、咸而温，是著名的补肾阳药物，还具有益精血、润肠通便和延缓衰老等功效。

适应性：肉苁蓉抗逆性强，耐干旱，常常寄生于沙漠中的梭梭、红柳及蒿类植物根部，喜生于轻度盐渍化的松软沙地上，一般生长在沙地或半固定沙丘、干涸老河床、湖盆低地等。适宜生长区的气候干旱，降水量少，蒸发量大，日照时数长，昼夜温差大，土壤以灰棕漠土、棕漠土为主。

栽培技术要点：

1. 选地整地

选择气候干旱少雨，阳光充足昼夜温差大，排灌方便，春季播前 0~20cm 土层全盐含量为 0.4%~2%，土壤 pH 值为 7.50~9.00 的沙土地和半流沙荒漠地。可利用天然梭梭林较集中的沙漠地，进行圈拦，防止牛羊和骆驼啃食，浇水施肥，保护扶壮寄主。也可培育人工梭梭林，秋后采收梭梭种子，春天作畦播种育苗。种子播种后 1~3d 出苗，1~2 年后定植，行株距 1.0~1.5m，定植 2~3 年以后，生长健壮，可以接种肉苁蓉。梭梭也可直播，但应注意防风保水保苗。

2. 选种

选用特制贴附在纸上的肉苁蓉种子纸及优质肉苁蓉种子。种子质量符合国家二级以上良种要求。

3. 接种

最适接种季节为春、秋两季。一般选择在春季 3—4 月进行接种。

（1）造林接种　造林行沟宽 30cm，深 40~60cm，株行距为 1.5m×3m。将种子纸横放在行沟内栽植苗木根部，吸水面向上，然后回填适量细土，回填表土踩实后及时灌溉。

（2）在寄主上接种　梭梭林根部接种方法：选择在梭梭（野生梭梭三年生以上，人工梭梭一年以上）东侧或东南侧方向距寄主 50~80cm 处，挖深 70~100cm 的种植坑，找到梭梭根系分部区后，灌水或施入抗旱保水剂，也可施入腐熟好的农家肥，待水完全渗入后，将种子纸播种面贴附于梭梭根系区坑壁，后用挖出的沙土回填种植坑，填至 2/3 处时适当踩实，填至坑满即可。人造梭梭林生长整齐、成行，可在植株两侧开沟作苗床。播种后保持苗床湿润，诱导寄主根延伸到苗床上。

红柳根部接种方法：首先进行人工种植红柳，培育出寄主苗木，栽植密度一般为株行距 1m×2m，流沙地中定植深度为 0.6~0.7m。红柳苗木生长一年后，在两行苗木中间开沟，沟宽 40~60cm，深度 70~100cm 为宜，将肉苁蓉种子与过筛细沙按 1∶100 的比例拌匀（即肉苁蓉种子 1g 拌 100g 细沙），撒入沟内红柳须根系周围，填土压实后灌水即可，肉苁蓉种子撒种施种量 6g/亩。也可与梭梭接种类同，在红柳（一年生以上）寄主一侧开挖种植坑，挖至露出红柳根系为宜，将种片播种面贴附于根系区坑壁，覆土踩实后灌水。

4. 田间管理

接种成功的植株，第 2 年有少数肉苁蓉出土生长，大部分在第 3~4 年内出土、开花、结实。接种后要加强对寄主的管理，寄主造林初期，可适量进行灌水，但不宜多，能保证寄主的成活及生长即可。以后每年根据降雨量的多少适量灌水 1~2 次或不灌水，平时观察植株下 70cm 处无湿沙时，要及时浇水。施肥以农家肥为主，禁施化肥，以保证肉苁蓉品质。荒漠地带风沙大，寄主根系经常被风吹露，要注意培土或用树枝围在寄主根周围防风，人工拔除其他植物。越冬前要及时对接种寄主培土，以防冻、防旱，使其安全越冬。肉苁蓉 5 月开花时，要进行人工授粉，提高结实率。

5. 病虫害防治

梭梭白粉病 7—8 月发生，为害嫩枝，用 BO-10 生物制剂 300 倍液或 25% 粉锈宁 4 000 倍液喷雾防治。梭梭根腐病多发生在苗期，为害根部，可加强松土，并在发生期用 50% 多菌灵 1 000 倍液灌根。种蝇发生在肉苁蓉出土开花季节，幼虫为害嫩茎，蛀入地下茎基部，可用90%敌百虫800倍液或40%乐果乳油1 000倍液地上部喷雾或浇灌根部。大沙鼠啃食寄主枝条、根系及植入坑内的肉苁蓉种子，用毒饵于洞口外诱杀。

6. 采收

春秋两季均可采收，以4—5月采收为佳。初春，肉苁蓉吸收融化的冰雪水迅速生长。当肉苁蓉露出地面，可及时进行采挖，采挖时尽量保证单株肉苁蓉的完整。为减少对寄主植物的破坏，在采挖时应选择肉苁蓉与寄主相连的外围挖坑，挖至肉苁蓉的底部，在不断开肉苁蓉与寄主的连接点的前提下，从连接点向上留5~8cm截取上部，然后回填土，填土时要防止碰断寄生根和连接点，回填土平整后稍加踩实。正确的采挖方法，可以无需再次接种，第3年开始进入丰产期，稳产期可达5~10年。稳定产量后，鲜蓉产量可达320kg/亩以上，干蓉产量80kg/亩以上。

7. 加工

（1）晾晒法　将顶头已变色的肉苁蓉用开水烫头或切除变色头，然后放在清扫干净的水泥地面上或其他非金属器具上晾晒，每天翻动2~3次，防止霉变，晒至完全干即可包装出售。也可白天在沙地上摊晒，晚上收集成堆遮盖起来，防止冻坏，晒干后颜色好，质量高。

（2）盐渍法　将个大者投入盐湖中腌1~3年；或在地上挖50cm×50cm×120cm等大不漏水的塑料袋的坑，在气温降到0℃时，把肉苁蓉放入等大不漏水的塑料袋内，用当地未加工的土盐，配制成40%的盐水腌制，第二年3月，取出晾干。

（3）窖藏法　在冻土层的临界线以下挖一坑，将新鲜肉苁蓉在天气冷凉之时埋入土中，第二年取出晒干。

8. 留种

应同时留梭梭种子及肉苁蓉种子。宜选粒大、饱满、无病虫害的种子留种。

锁　阳

锁阳，锁阳科，锁阳属，多年生肉质寄生草本植物，又名不老药、锈铁棒、黄骨狼、锁严子等。

经济价值：锁阳具有药用价值，是传统中药和蒙药的常用药材资源，其除去花序的干燥肉质茎，具有补肾阳、益精血、润肠通便、抗衰老等作用，当地人还有鲜食的习惯。

适应性：锁阳生于荒漠草原、草原化荒漠与荒漠地带，多在轻度盐渍化低地、湖盆边缘、河流沿岸阶地、山前洪积、冲积扇缘地生长，土壤为灰漠土、棕漠土、风沙土、盐土。喜干旱少雨，具有耐旱的特性。

栽培技术要点：

1. 野生锁阳种子的采收

野生锁阳一般4—5月花茎露土，5—6月开花授粉，8—9月种子成熟。在野外野生植株中采种后，选用籽粒饱满的作为人工种植用种。

2. 种子处理

野生锁阳种子需要处理促其萌发。用白刺根及茎浸出液在0~5℃条件下浸泡种子1—2月，或用300mg/kg萘乙酸液浸泡种子24h，以打破种子休眠。

3. 寄主的选择

选择平缓的、含水率较高的固定沙地所生长的侧根发达的幼、壮白刺作为寄主，以0.1~0.2cm粗细的白刺侧根为佳。

4. 接种

最佳的接种时间应该是4月中旬白刺萌发时开始，到7月底结束。接种的深度以50~60cm为宜。接种时，顺着白刺根系挖深50~60cm，撒施腐熟的羊粪，将营养土培养基质垫在所要接种的白刺根系的下面，隔段破开根系表皮，不破也行，然后将锁阳种子撒在营养土培养基质上，与白刺根系紧密接触，籽粒50~60粒，然后覆5~6cm厚的沙，灌水后将坑埋好、踩实。

5. 管理

每隔半月灌一次足水，保持接种部位湿润即可。

6. 采收

接种后，有的当年即可萌发，与白刺产生寄生关系，有的第二年才能萌发。人工种植的锁阳3~4年就能采收。春秋两季均可采挖，以春季为宜。3—5月，当锁阳刚刚出土或即将顶出沙土时采收，质量最好。采收后除去花序，避免消耗养分，折断成节，摆在沙滩上日晒，每天翻动1次，20d左右可以晒干。或半埋于沙中，连晒带沙烫，使之干燥。也有少数地区，趁鲜时切片晒干。秋季采收水分多，不易干燥，干后质较硬。

玄　参

玄参，玄参科，玄参属，草本植物，又名元参、浙玄参、黑参、乌元参。

经济价值：玄参是传统中药，性微寒，有清热凉血，滋阴降火，解毒散结的功效。

适应性：喜温和湿润气候，耐寒、耐旱、怕涝，茎叶能经受轻霜，适应性较强，在平原、丘陵及低山坡均可栽培，对土壤要求不严，但以土层深厚、疏松、肥沃、排水良好的沙质壤土栽培为宜。

栽培技术要点：

1. 选地整地

选土层深厚的沙质壤土，在荒山阳山坡种植，前茬豆科、禾本科为好。玄参根入土很深，吸肥能力强，故需深耕，施农家肥5 000kg/亩做基肥，细致耙平后再做高25cm，底部宽45～60cm，顶宽30cm左右的高垄，随后种植。

2. 繁殖方法

（1）块根繁殖　每亩需用根块150kg。玄参生产上一般采用子芽繁殖，收获时选择无病、健壮、白色的子芽，留作繁殖用。南方采用冬种，于12月中、下旬至翌年1月上、中旬栽种，按行距40～50cm，株距34～40cm开穴，穴深8～10cm，每穴放子芽1个，芽向上，随后掩埋。北方以春种为主，于2月下旬至4月上旬栽种。

（2）老根栽种　刨出玄参时，割掉药用的块根，余下的老根掰下来即可栽种，随刨随栽，也可将它储藏起来，待到来年开春发芽时，掰开栽种，株距17cm，行距0.5～0.6m，亩用老根200kg左右。用老根栽种的玄参，产量比块根栽种的要低一些，但是可节约成本。

（3）茎枝繁殖　雨季，将剪下的底间或侧枝6.5～10cm栽入地下3.5cm处。株距5cm，行距8cm。搭棚遮阴，4～6d即可吐须生根，注意土壤干湿度，干了成活率降低，湿易造成烂根，10d 左右决定能否成活，一个月后即可带土移栽，上冻之前收获。4—6 月要打顶和剪除侧枝顶，剪下的枝头作繁殖之用，可节约成本，并迅速扩大种植面积。

（4）种子繁殖　用种子繁殖第一年无产量，只能繁殖种身，采用阳畦或温床育苗，施足底肥，作成畦后浇一次水，水渗透后再下种，将种子撒在畦面上，细土盖严，再盖柴草保持水分，出苗后，去掉柴草，秋后取块根作种身。

3. 玄参的田间管理

（1）中耕除草　玄参出苗时，有草就拔除，除草时松土不易过深，避免伤根。6 月以后植株已长大，不必再松士，有草就拔。到收获一般需要进行 4~6 次除草。

（2）适时追肥　在玄参生长过程中一般需要进行 3 次追肥，第一次是在苗出齐之后，主要是以尿素为主，促进幼苗的生长；第二次是玄参生长的旺盛期，使用尿素的基础上还需要添加适量的厩肥或堆肥；第三次是在玄参的花期，主要是为了促进玄参块茎的生长，一般是以钾肥和磷肥为主。可在植株旁开小穴或沟施，覆土盖实，进行根部培土。

（3）合理间苗　玄参定植后第二年，会从根部长出许多幼苗，使根部膨大，增加产量，及时拔除多余的苗株，只留 2~3 株即可。

（4）适时打顶　玄参长到一定程度时会抽花薹，作商品收获的玄参，当花薹抽出时应及时摘除，使养分集中于块根部。在玄参抽花蕾的时候，需要及时将花蕾摘除，同时摘除顶部，避免徒长，以提高产量。

（5）浇水排水　玄参比较耐旱，不耐涝，干旱特别严重时适当浇水，使土壤湿润，雨季时应及时排水。

（6）病虫防治　斑枯病发病前及发病初期喷 65% 代森锌 500 倍液，每 7~10d 一次，连续数次。白绢病及时拔除病株，去除病穴土壤，并撒石灰封闭病穴，种栽前用 50% 退菌特 1 000 倍液泡 5min 后晾干可预防。地老虎可用 2% 灭多威乳油 100g 兑水 1kg 稀释，再喷在 100kg 新鲜的草或切碎的菜（长约 16cm 左右）上，拌成毒饵，于傍晚在田间每隔一定距离堆成直径为 30~40cm、高 15cm 的小堆，每亩用毒饵 25kg 诱杀。

4. 收获

玄参的收获时间是霜降至来年发芽前，收获时割掉地上部分，然后刨出，块根入药，老根留作种用。刨出的块根晾半干后，堆积起来闷 2~3d，内部变黑后继续晾晒至干即可出售。

远　志

远志，远志科，远志属，多年生草本植物，又名细叶远志、小草、山茶叶、山胡麻、金年草、七寸草、小芯远志、蒉绕、葽蒬等。

经济价值：远志是传统中药，以根或根皮入药，具有滋阴生津、润肺止咳、清心除烦等功能，主治热病伤津、肺热燥咳、肺结核咯血等症。

适应性：远志生于向阳山坡、路旁、荒草地。对生长环境要求不严格，耐轻度盐碱，喜欢冷凉气候，不耐高温，耐干旱，忌潮湿或积水地。

栽培技术要点：

1. 选地与整地

远志宜生茬，忌连作。因此应选择地势高燥，排水良好，通风、向阳、不重茬的壤土或沙壤地块，黏土和低湿地不宜种植。选好地后，施足底肥，每亩施农家肥3 000kg，45%三元复合肥（N-P-K 为 15-15-15）50kg，过磷酸钙5kg，捣细撒匀，耕翻 25~35cm，整平耙细，做成 1m 宽的平畦，以便于灌溉和排水。灌水浇地之后，待杂草长出，即用除草剂杀死地面杂草，再进行播种。

2. 繁殖

（1）直播

①采收种子：远志果实成熟后易开裂，种子散落地面，因此，应注意八成熟时即采收种子。

②播前种子处理：在直播前要进行种子处理，用 40~50℃水或 0.2%磷酸二氢钾水溶液浸种 24h，捞出后与 3~5 倍细沙混合备用。

③播种：远志的直播分春播和秋播，春播应在 4 月下旬到 5 月上旬进行；秋播于 10 月中下旬或 11 月上旬进行，北方以春播为主，播种有条播和穴播，条播是在整好的平畦上，按行距 20~30cm 开约 2cm 的浅沟，将种子均匀撒于沟内。穴播是按行距 20cm，株距 15cm 开穴，每穴播种子 4~5 粒。播后覆细土1.5cm 左右，稍加镇压浇足水，同时加盖秸秆等物，亦可进行地膜覆盖。亩用

种 0.8~1.2kg。播种后约半个月开始出苗。远志出苗后,要逐渐揭去盖草,因为出土的小苗非常细弱,应分 2~3 次揭,最后还要留一些草,稀稀覆盖在地里。

(2) 育苗移栽　育苗移栽是远志栽培的重要技术手段之一,育苗可在 3 月上中旬进行,育苗地块一般要选择背风向阳、靠近水源、有利排水、土壤疏松的肥沃土地,在冬季或早春结合整地施足基肥,每亩施 3 500~4 000kg 农家肥,深翻一遍,耙碎整平,做成宽畦,一般畦宽 1~1.2m 为宜。在苗床按照行距 20cm 开 1~1.5cm 的浅沟,将备好的种子进行撒播,然后覆细土 1.0cm 左右,确保苗床湿润,温度以 15~20℃ 为宜。播种后 10~15d 出苗,苗高 5~6cm 时,即可定植,定植应选择阴雨天或午后,按株行距 (3~6) cm× (15~20) cm 定株。

(3) 分根繁殖　选择色泽新鲜、健壮、无病害的根茎,以 0.4~0.6cm 直径为宜。根茎以每 2~3 个芽和部分须根切成 5cm 长的根段,注意修剪过长的须根,待切口愈合后,将种根茎在浓度为 5mg/kg 的 ABT 生根粉溶液中浸泡 4h 后栽植,按行距 20cm 开沟,每隔 10~12cm 放短根 2~3 节,然后覆土。

3. 田间管理

(1) 查苗补苗　远志苗出土后检查一遍,发现缺苗及时补苗。补种时先开浅沟,浇足水,待水渗后再下种,覆土 1.5~2cm 厚,用草或地膜覆盖,苗出土后去掉覆盖物。移栽时在密处取苗,带原土,随移随栽,在下午或阴雨天进行,浇足水,用树枝、柴草之类给予临时性遮阴。

(2) 间苗、定苗　于苗高 5cm 左右时,按 3~5cm 株距进行间苗,对缺苗距离短的地方可以留双苗。用种子直播的,如果出苗较多,要拔除一部分,选留壮苗,间苗宜早不宜迟,次数可视苗情而定。当远志苗高 3~6cm 时,按株距 5~7cm 定苗,间去小苗、弱苗和过密苗,如有缺苗,可用间出的好苗补上,并浇水保苗。

(3) 中耕除草　远志出苗后,待小苗长到 6~7cm 高时进行一次松土除草,松土要浅,不宜过深,以免伤根,可用耙子浅耧,以将杂草除净,特别是第一年,一定要做到勤除草。在远志苗期和后期生长中,要根据杂草情况进行 2~3 次的中耕除草,保持土表疏松湿润,避免杂草掩盖植株。苗期以浅松除草为宜,后期可以加大耕深。

（4）灌溉和排水　远志虽喜干旱，但在种子萌发期、出苗期和幼苗期，抗旱力差，一定要注意适量浇水。一般可结合施肥进行浇水，浇后要及时中耕。定苗后不宜浇水过多，以利根往深处生长，提高抗旱能力。成株以后不必多浇水，除久旱无雨需浇水外，一般不浇。雨季还要注意清沟排水，防止田间积水，以免因涝而烂根死亡。要注意扶起在暴雨时被泥土埋没的小苗。

（5）追肥　每年春季发芽前施 1 次厩肥，每亩 800kg，返青后亩施稀人粪尿 800kg 或尿素 1~6kg 或过磷酸钙 15~20kg，6 月再亩施 1 次腐熟饼肥 40kg。每次施肥都要开沟，施后盖土浇水。另外，在 6 月底 7 月初，每亩喷施 0.2%的尿素溶液 50~60kg 或 0.3%的磷酸二氢钾溶液 80~100kg，每 10~12d 喷施 1次，可进行 2~3 次，每次喷施时间在上午 10 时前或下午 4 时后，均匀喷施在远志的叶部和茎部等部位，不要随意加大施用剂量和浓度。

（6）覆草　远志生长 1 年的苗在松土除草后，或生长 2~3 年的苗在追肥后，行间每亩覆盖麦糠、麦秕之类 800~1 000kg，连续覆盖 2~3 年，中间不需翻动，具有改良土壤、保持水分、减少杂草的综合效应。

（7）间作与遮阴　远志属耐阴植物，可以在幼树果园里套种，也可以与其他作物间作。如果裸田单作，当年的幼苗需适当遮阴，尤其在 7—8 月。否则，强光直射，幼苗生长受到抑制。

（8）冬前处理　封冻之前，浇一次越冬水，每亩撒施捣细的农家肥3 000kg。第二年春，除去干枯的茎叶，浇返青水，及时划锄松土。

（9）防治病虫害　远志根腐病病穴部位用 10%的石灰水消毒，或用 1%的硫酸亚铁消毒，发现初期也可用 50%的多菌灵 1 000 倍液进行喷洒，隔 7~10d喷 1 次，连喷 2~3 次。叶枯病用代森锰 1 000 倍液、瑞毒霉素 800 倍液或代森锰加新高脂膜叶面喷施，每 7d 喷 1 次，共两次。蚜虫用 40%乐果乳油 2 000 倍液喷杀，连喷两次，相隔 7~8d。

4. 采收加工

远志是多年生植物，第一年是地上部分的生长旺期，第二年快速进入根茎生长旺期，第三年是产量最高期，因此，远志可在 2 年后进行收获，以第 3 年收获产量效益最佳。

采收期可在秋季回苗后。采收时待远志叶枯萎后，去掉地上部分，将鲜根挖出，并除去泥土和杂质，趁水分未干时，把粗的根条趁鲜用木棒敲打，使其松软，晒至皮部稍皱缩，用手揉搓抽去木心，再晒干即可，或将皮部剖开，除去木部。抽去木心的大者为远志筒，较小的为远志肉（包括敲破的碎根皮），最小的根不去木心，直接晒干的称远志棍，三者均供药用。细叶远志地上部分，也作药用。

远志种子采收需选择6月中旬至7月初成熟的果实。远志果实成熟后易开裂，应注意八成熟时即采收种子，也可在行间铺塑料布，任种子成熟掉落再收集。种子采收后置太阳下晒半干，手搓后倒入适当筛子过筛，晾干即得黑棕色、有白色线毛、长0.2~0.5cm、宽0.1~0.2cm的种子。也可用喷药机械改装为吸尘器吸取种子。远志种子放置一年后仍可播种，放置两年后不可做种。

黄　芪

黄芪，豆科，黄耆属，多年生草本植物，又名绵芪、黄耆、独椹、蜀脂、百本、百药棉、黄参、血参等。

经济价值：黄芪为传统中草药，可以入药，味甘，性微温，具补气固表、利尿、强心、降压、抗菌、托毒、排脓、生肌、加强毛细血管抵抗力、止汗和类性激素的功效，治表虚自汗、气虚内伤、脾虚泄泻、浮肿及痈疽等。

适应性：黄芪喜日照、凉爽气候，耐旱，不耐涝，耐寒、耐轻度盐碱，多生长在山坡中、下部的向阳坡及林缘、灌丛、林间草地、树林下及草甸等处。

栽培技术要点：

1. 选地

选择土层深厚、疏松、肥沃，排灌方便，地力水平中等及以上，春季播前0~20cm 土层土壤全盐含量在 0.2%以下，土壤 pH 值为 7.00~8.50 的沙壤地块，忌连作，不宜与马铃薯、胡麻轮作。

2. 整地

移栽前 15d（4月初）整地，一般深翻 30~40cm，结合整地施优质农家肥1 500~2 500kg/亩、磷酸二铵 30~40kg/亩，整地后要注意保墒，整平耙细后待用。

3. 种苗选择

选取条长、粗壮、无断损、无病虫害的种苗进行移栽。

4. 覆膜移栽

地膜一般选用幅宽 70cm、厚 0.007mm 的强力膜。采取畦上平栽，先栽植后覆膜。畦面宽 70cm，畦沟宽 50cm，在畦面上横向开深 7~10cm 的沟，将黄芪头朝向畦沟，尾对尾错位栽植，株距 15~20cm，同畦两行黄芪头相距 75cm，栽植密度 5 500~7 500 株/亩。栽完后整平畦面镇压后覆膜，覆膜时要把种苗放出，以防烧苗，然后用开沟时挖起的土将地膜边沿和黄芪头压严。

5. 田间管理

播种后要经常检查地膜，发现有破口或未埋严的地方要及时用土封好。苗期及时放苗，否则会出现烧芽现象。一般选择在 17：00 以后或晴天 9：00 以前放苗。出苗后田间杂草要及时拔除干净并运出田外。幼苗生长缓慢，需要足够的水分，遇到干旱时要及时灌溉，有灌溉条件的地方可根据土壤墒情适时灌水 2~3 次。雨季应特别注意排水，否则易烂根。

6. 病虫害防治

白粉病主要为害黄芪叶片，发病时选用 25% 粉锈宁可湿性粉剂 800 倍液，或 50% 多菌灵可湿性粉剂 500~800 倍液，或 75% 百菌清可湿性粉剂 500~600 倍液，或 30% 固体石硫合剂 150 倍液喷雾防治，每隔 7~10d 喷 1 次，连喷 3~4 次。白绢病主要为害黄芪根，发病时选用 50% 混杀硫悬浮剂 500 倍液，或 30% 甲基硫菌悬浮剂 500 倍液，或 20% 三唑酮乳油 2 000 倍液灌穴防治，每隔 5~7d 灌穴 1 次；也可用 20% 利克菌（甲基立枯磷）乳油 800 倍液于发病初期灌穴或淋施 1~2 次，每隔 10~15d 浇水 1 次。根结线虫病主要为害黄芪根部，一般在 6 月上中旬至 10 月中旬均有发生，发病时用 30% 甲基硫菌悬浮剂 500 倍液，或 20% 三唑酮乳油 2 000 倍液进行灌穴防治，每隔 5~7d 浇 1 次。根腐病常于 5 月下旬至 6 月初开始发病，发病时可用 30% 氟菌唑可湿性粉剂 2 000~3 000 倍液，或 70% 甲基硫菌灵可湿性粉剂 1 000 倍液喷雾防治；若病情严重，隔 7d 再喷 1 次，交替用药。害虫主要有黄芪籽蜂、豆荚螟、苜蓿夜蛾、棉铃虫、菜青虫等，为害黄芪的种荚。盛花期和结果期用 40% 乐果乳油 1 000 倍液各喷雾防治 1 次，种子采收前用 5% 西维因粉 1 000 倍液喷雾防治。蚜虫一般用 40% 乐果乳油 1 500~2 000 倍液，或 1.5% 乐果可湿性粉剂 1 500~2 000 倍液，或 2.5% 敌百虫可湿性粉剂 1 500~2 000 倍液喷雾防治，每 3d 喷 1 次，连喷 2~3 次。

7. 采收与加工

（1）采收　黄芪移栽后 1 年即可采收，在 10 月中下旬枝叶枯萎后选晴天采收，采挖前 3~5d 可先割除地上部分，揭去地膜，采挖时用钢叉将根部挖出，除去泥土。黄芪根深，采收时注意不要将根挖断，以免造成减产和商品质量下降。

（2）加工　将采收的黄芪根去净泥土，趁鲜剪掉芦头，晒至七八成干时剪去侧根及须根，分等级捆成小捆再阴干。以根条粗长，表面淡黄色，断面外层白色，中间淡黄色，粉性足、味甜者为佳。干品放通风干燥处贮藏。

河套大黄

河套大黄，蓼科，大黄属，多年生草本植物，又名将军、黄良、火参、肤如、蜀、牛舌、锦纹等。

经济价值：河套大黄可作药用，主要治疗食积不化、肠道积滞、大便秘结等。

适应性：河套大黄喜温暖或凉爽气候，耐寒，耐轻度盐碱，虽耐干旱，但在生长期中也需要适量水分，幼苗时期干旱往往引起死苗。

栽培技术要点：

1. 选地

选择耕层深厚、结构适宜、理化性状良好、富含有机质，灌排方便，地力水平中等，春季播前 0~20cm 土层土壤全盐含量在 0.6% 以下，土壤 pH 值为 6.50~7.50，有机质含量 10g/kg 以上的沙壤土。前茬以禾本科、豆科类作物或新开垦的荒地为好，忌连作。

2. 良种选择与种子处理

于种子成熟时从种株上将花梗剪下，放在通风阴凉处，使种子后熟并阴干。播种前，选择色泽鲜艳、籽粒饱满的种子，放入 20℃ 温水中浸种 6~8h，然后用湿布覆盖催芽，并经常翻动，当有 2% 的种子裂口时即可播种。

3. 播种

（1）种子直播　在初秋或早春按株行距 55cm×60cm 的规格开穴，穴深 3cm，每穴播种子 5~6 粒，然后覆土 2~3cm 厚，用种量为 1.5~2kg/亩。

（2）育苗移栽　为了节约种子和提高土地利用率，在春季干旱而不宜直播栽培的地区，常采用育苗移栽，即横向在畦上开深 5cm 的沟，行距 12cm，将种子均匀撒入沟内，然后覆土 2~3cm 厚，再覆一层草，待出苗后揭去覆草；幼苗生长期间要及时拔除杂草，5—6 月施一次人粪尿，10 月下旬在植株周围培 3~5cm 高的土，以防幼苗受损。移栽前先将苗挖出，剪去侧根，然后按株行距均为 60cm 的规格挖穴，穴深 15~30cm，每穴栽 1 株，再覆土盖严，并压实土壤，使根与土壤紧密结合。为了降低植株的抽薹率，移栽时可采取曲根定植法，即将种苗根尖端向上弯曲成"L"形。

（3）采用子芽种植　在收获河套大黄时，将母株上萌生的健壮子芽摘下种植。过小的子芽可栽于苗床，翌年秋天再行定植。为防止伤口腐烂，栽种时可在伤口处涂上草木灰。

4. 田间管理

（1）中耕锄草　栽后第 1 年易滋生杂草，应结合松土勤锄杂草。翌年春、秋各锄草一次，并结合每次中耕向根部培土，防止根头外露。

（2）打薹　河套大黄栽种翌年即抽薹开花，因此除留种地外，应于 5 月及时摘去从根茎抽出的花薹，保留 2~3 片叶子。打薹应在晴天露水干后进行。

5. 施肥

以腐熟的有机肥为主，配施无机肥。施肥时宜采用环状施肥法，结合中耕、锄草，每年施肥 2~3 次，每次施人畜粪水 1 000kg/亩、腐熟饼肥 50kg/亩。第 3 年 6 月初施硫酸铵 8~10kg/亩、过磷酸钙 15kg/亩、硫酸钾 5~7kg/亩，8 月施饼肥 50~80kg/亩、人畜粪水 1 000~1 500kg/亩。

6. 病、虫、鼠害防治

河套大黄病害主要有根腐病、锈病、叶斑病。根腐病可采用轮作防病，宜与豆类、马铃薯、蔬菜等进行 4~5 年的轮作；选健壮无病苗移栽；发现病株及时拔除，集中烧毁或深埋，并用 5% 石灰水浇灌病穴；发病期间可用 50% 多菌灵可湿性粉剂 500 倍液灌根防治。锈病可在发病初期用 15% 粉锈宁可湿性粉剂 600~800 倍液喷雾防治；增施磷、钾肥，减少氮肥施用量。叶斑病实行 4~5 年以上的轮作防治；收获后彻底清理枯枝残体，集中烧毁；发病初期喷施波尔多液，每隔 10d 喷 1 次，连喷 2~3 次；发病严重时，喷 50% 多菌灵可湿性粉剂 600~800 倍液或 70% 甲基托布津 800 倍液，每隔 7~10d 喷 1 次，连喷 2~3 次防治。害虫主要有菜蓝跳、菜蚜。菜蓝跳可喷 1.8% 爱福丁 1 号乳油 2 500~3 000倍液或 40% 乐果乳油 800~1 000倍液防治，每隔 7~10d 喷 1 次，连喷 2~3

次防治；冬季铲除地面杂草，并集中烧毁，以消灭虫卵。菜蚜可用 30cm×50cm 的黄色木板涂机油诱杀；喷 1.8% 爱福丁 1 号乳油 2 500~3 000倍液或 50% 抗蚜威可湿性粉剂 800~1 000倍液防治，每隔 7~10d 喷 1 次，连喷 2~3 次。

7. 采收加工

河套大黄栽种 2~3 年后收获，宜在 9—10 月地上部枯萎时收挖。先剪去地上部分，将根茎与根全部挖出，去掉泥土，大的根茎切成块，中小型的切成片，在烘干房内烘干或用绳串起悬挂阴干。

8. 留种

选生长健壮、无病虫害、具典型性状的三年生优质植株作留种母株，于 5—6 月抽花茎时在株旁设立支柱，用塑料绳轻轻捆住，以免折断。7 月中旬大部分种子呈黑褐色时，剪取花梗，置通风阴凉处使其后熟，数日后轻微拍打，落下种子，除去茎秆及杂物，精选后用于秋播或翌年春播。

乌拉尔甘草

乌拉尔甘草，豆科，甘草属，多年生草本植物，又名国老、甜草、甘草、甜根子、甜草根、红乌拉尔甘草、粉乌拉尔甘草等。

经济价值：乌拉尔甘草具有药用、饲用价值。根和根状茎供药用，是一种常用中药材，具有祛痰、利尿、清肺、止咳、解毒、抗癌、延缓衰老之功效。茎叶是发展畜牧的优质饲料，蛋白含量达 15%。近年来又广泛用于食品、烟草、化工等行业，市场前景广阔。

适应性：乌拉尔甘草喜光照充足、昼夜温差大的环境，适种土壤包括风沙土、灌淤土、灰钙土、灰漠土、黄绵土、红黏土、黑垆土、盐渍土等，但不宜在土质黏重、重度盐碱地及排水不良的土壤中种植。

栽培技术要点：

1. 选地

选择区域范围明确，排灌方便，地力水平中等及以上，土层深厚，土质疏松、透水透气性较好，平整，春季播前 0~20cm 土层土壤全盐含量在 0.3% 以下，土壤 pH 值为 7.00~8.50 的地块。忌强盐碱和积水地，避免与豆科作物轮作，忌连作。

2. 育苗

（1）育苗地选择　宜选择有多年耕种史，无病虫或严重草害史，土层深厚、结构疏松、地势平坦、土壤肥力较好、灌溉条件良好的沙壤或壤土地，且处于种植区或靠近种植区，最好交通方便，有防风林网。

（2）育苗地整地施肥　育苗前必须细致整地。秋翻深度 25~30cm，随翻随耙，清除残根、石块，耙平耙细。结合整地施商品农家肥 4 000~5 000kg/亩、普通过磷酸钙 30kg/亩、尿素 10kg/亩，然后精细耙糖。耙平后做长 10m、宽 2~3m 的水畦，灌足底墒水待播，播前再施入磷酸二铵 20kg/亩作种肥。

（3）精选良种与种子处理　精选合格种子，然后将其在农用碾米机上碾

1~2遍，见种脐擦伤或种皮微破且不碾碎种子为宜。水地或墒情较好的育苗地，播前10h左右，用60~70℃热水倒入种子内，边倒边搅拌至常温，再浸泡2~3h，待种子吸水膨胀后取出，滤干水分，放置8h左右即可播种。旱地或土壤墒情较差的育苗地，宜干籽播种。

（4）播种　4月中旬至5月上旬为乌拉尔甘草适播期，可采用覆膜播种方式，采用宽窄行种植，宽行110cm，窄行30cm，播前1~2d覆0.008mm、幅宽120cm的黑膜，膜两边用土压实。用手持打孔器在地膜上并排打孔，孔直径6cm，深2~3cm，株距10~11cm，行距8~10cm，每穴点入处理过的种子17~20粒，稍覆细土，再覆洁净细河沙，增温保墒防板结。覆膜播种最适宜播期为5月上旬，播量为10~11kg/亩。

部分地区也可采用露地撒播方式，将种子撒在耙糖平的地表，再耙糖1次，使种子入土2~3cm，镇压后覆盖1cm细沙或麦草保墒。露地播种最适宜播期为3月下旬至4月中旬，播量为16~20kg/亩。

（5）适时灌水，中耕施肥　苗期一般灌水2~3次，锄草松土3次。苗出齐后灌第1次水，待苗高7~10cm时灌第2次水，地面稍干时锄草松土，分枝期灌第3次水，再次锄草、松土。每次灌水定额为60~80m³/亩。应及时排除田间积水。年内没有起苗，可灌足冬水。

苗期追施尿素8~10kg/亩。叶面肥宜选择磷酸二氢钾型，在苗高10cm以上和幼苗分枝期喷施，全年喷2~3次，喷施浓度为20~25g原药兑水15kg。

幼苗达10cm时中耕，疏松土壤，耕深5cm；生长期间每月中耕1次。

（6）起苗移栽　当种苗苗龄达到1年，根茎长>20cm，横径>2mm时采挖移栽。土壤解冻后采挖越早越好，一般在翌年3月中旬至4月中旬。挖苗时要保持苗圃潮湿松软，以确保苗体完整，起苗前1d育苗小畦应灌水。采挖先从地边开始，紧靠苗垄开一深沟到苗根部底端，并顺垄逐行采挖全苗。挖出的种苗要及时覆盖，以防失水。将采挖出的种苗按标准分级打捆。

3. 移栽地选择与整地施肥

移栽地要及早蓄墒、保墒，前作收获后及时深翻20~30cm，充分暴晒，秋季精细耙糖，保证地表平整，土壤疏松。结合耙糖用50%辛硫磷乳油250ml/亩混合细沙土300kg制成毒土施入土内以杀灭地下害虫。结合整地基施农家肥4 000~5 000kg/亩、磷酸二铵7.5kg/亩、尿素7.4kg/亩。

4. 移栽定植

大田栽植的适宜时间为 4 月,在适宜栽植期内应适当早栽。

移栽前对种苗集中喷施 40%辛硫磷乳油 800~1 000倍液,或 10%杀灭菊酯乳油 800~1 000倍液,用塑料薄膜覆盖,放置 1~2d 后移栽;或用 50%多菌灵可湿性粉剂 600 倍液、27%皂素烟碱可溶性浓剂 600 倍液混合液浸苗 10~30min后移栽,可防治根部病虫害。

平地按南北行向、缓坡地沿等高线种植。移栽时先开 30cm 以上的深沟,在沟内施入磷酸二铵 20kg/亩、过磷酸钙 30kg/亩,然后顺垄沟呈 35°~40°倾斜插放移栽苗,要求根头同方向,根尾部顺沟平放,不要打弯,株距 10~15cm,根头发芽部低于土表 2~3cm,切忌暴露在土层外部。苗头覆土厚度 10~15cm并压实。要求边开沟、边摆苗、边覆土、边耙磨。栽植密度 1.5 万~2 万株/亩。同一地块移栽等大的苗,以利于生长整齐,便于统一管理,同期采挖。移栽定植完后要耙糖平整,对个别外露根头要人工补埋。

5. 灌溉

灌足底水,有条件的地方可采用滴灌或喷灌,一般苗出齐后灌第 1 水,苗高 10cm 灌第 2 水,后期若遇干旱灌第 3 水。如遇降水,可适当减少灌溉次数。秋季雨水较多时,要注意排水。

6. 追肥

分枝期结合灌水施尿素 10~15kg/亩,在苗高 10cm 以上和分枝期,分别叶面喷施 1.5~2.0g/kg 磷酸二氢钾 1 次,以利茎叶生长,促进根系发育。苗高 20cm 时再追施磷酸二铵 25kg/亩;收获前 30d 内不得追施无机肥。水浇地随灌水施入,旱地可结合中耕除草,在根系两侧开沟追施,或将肥料均匀撒入地表,结合中耕除草使肥土混合。

7. 中耕除草与培土

苗高 10cm 时及时中耕除草,疏松土壤,深度 5cm。此后每月中耕 1 次,直至封冻。生长期内至少除草 5 次,尤其是在第 2、第 3 年要及时中耕锄草。

每年越冬前培土,覆没芦头,以免造成顶部干枯或中空。

8. 病虫害防治

常见病害有锈病、褐斑病、白粉病、立枯病、猝倒病、根腐病、灰斑病等。病害发生时，应及时消灭和封锁发病株与发病中心，清除病株，尤其是秋季刈割、清洁田园病枝落叶可减少翌年的病原。锈病可采用 0.3~0.4 波美度石硫合剂、20%三唑酮可湿性粉剂 300~500 倍液叶面喷雾防治，每隔 10d 喷 1次，连喷 2~3 次；褐斑病选用 70%甲基托布津可湿性粉剂 1 500~2 000 倍液、70%代森锰锌可湿性粉剂 1 000~1 200 倍液叶面喷雾防治；白粉病选用 50%硫黄悬乳剂 600~800 倍液叶面喷雾防治；立枯病选用 50%多菌灵可湿性粉剂 10倍液、64%杀毒矾可湿性粉剂 10 倍液拌种。猝倒病主要表现为幼苗根茎基部水浸状，局部形成缢缩，猝倒死亡，预防方法同立枯病。根腐病可用 50%甲基托布津可湿性粉剂 800 倍液，或 75%百菌清可湿性粉剂 600 倍液灌根防治。灰斑病用 50%多菌灵可湿性粉剂 500~600 倍液，或 75%百菌清可湿性粉剂 500~600倍液喷雾防治，间隔 10d 喷 1 次，连喷 3 次。

主要虫害有蚜虫、蛴螬、甘草叶甲、金针虫、地老虎、甘草豆象、甘草胭蚧等。蚜虫 5—8 月为发生盛期，可用 20%氰戊菊酯乳油 2 000~3 000 倍液，或10%大功臣可湿性粉剂 1 000 倍液喷洒防治。防治蛴螬可翻耕整地，压低越冬虫量；施用腐熟的厩肥、堆肥，施后覆土，减少成虫产卵量；覆膜前用 50%辛硫磷乳油 1kg/亩拌土 600kg 制成毒土，均匀地翻入土中进行土壤处理等。叶甲采用 40%毒死蜱乳油 1 000 倍液喷雾防治，并采用冬季灌水、秋季刈割、清除田间枯枝落叶等措施减少越冬虫源与翌年虫口基数。金针虫可将棉籽饼、油渣、麦麸等粉碎炒香后制成饵料，将 5kg 饵料与 150ml 90%敌百虫晶体 30 倍液拌匀，加适量水拌湿，傍晚按 2~2.5kg/亩撒于行间防治。防治地老虎可于早春清除田间及周围根际杂草，以防止成虫产卵，如发现幼虫，可将灰条、苦苣、旋花等杂草铡碎放在 90%敌百虫晶体 100 倍液中浸泡 10min 后撒于行间诱杀。种子小蜂 1 年发生 1.5 代，播种前筛种，除去有虫的种子，在盛花期或种子乳熟期喷施敌百虫 800~1 000 倍液。豆象 1 年发生 1 代，防治重点在种荚收获脱粒后入仓贮藏期，应定期用熏蒸剂熏蒸。胭蚧可选用 40%水胺硫磷乳油 1 000倍液地面喷雾防治。

9. 采收

移栽苗2~3年后便可收获。采挖时先割去地上部分，然后从地边贴苗开70cm深沟，然后逐渐向里挖，尽量保全根，严防伤皮断根。在土壤墒情较好的情况下，挖开地表20~30cm便可将主根逐个拔出。春秋两季皆可采挖，但秋末冬初（10—11月）最适宜，此时甘草酸和甘草次酸含量最高。土壤冻结前全部挖完。

10. 晾晒、包装、贮藏

采挖后根据主根直径大小和长度分类，除去残茎、枝杈、须根后，去掉泥土，依据直径大小加工成规定的长度。捋直、捆扎，选择地势高、干燥、通风、硬实，且经防潮处理的平台堆放晾干，晾至折断有松脆声即可捆把，按等级分别剪切修整，扎成大捆保管，勿曝晒。堆放前应对场地进行全面清理，以防止杂草、杂质和有毒物质混入，雨雪天及时用防雨布遮盖。

按级称重并扎成25kg的大捆，然后装箱封口打包，箱外标注产地、等级、采收时间等。贮于干燥、通风良好的专用贮藏库，相对湿度应控制在70%以内，温度不超过25℃。贮存1~3年内不使用任何保鲜剂和防腐剂。贮藏期间要勤检查、勤翻动、常通风，以防发霉和虫蛀。

红 花

红花,菊科,红花属,一年生草本植物,又名红蓝花、刺红花、草红花、杜红花等。

经济价值:红花具有药用、染色等价值。药用红花有活血化瘀,散湿去肿的功效。红花也可做红色染料,还可做胭脂。

适应性:红花喜温暖和稍干燥的气候,生育期为120d,为长日照作物,耐寒、耐旱、耐盐碱、耐瘠薄,根系发达,适应性强,怕高温、怕涝,尤其花期忌涝。

栽培技术要点:

1. 选地

选择土层深厚,肥沃,排灌方便,地力水平中等及以上,春季播前0~20cm土层土壤全盐含量在0.3%以下,土壤pH值为7.50~8.50的壤土或沙壤土,前茬以豆科、禾本科作物为好,忌连作。

2. 整地

播前浇地,每亩施有机肥4 000kg作底肥,翻耕20cm深,整细耙平,做平畦,畦宽1.5~2.0m。

3. 播种

春播,3—4月地温达5℃时就可播种,宜早不宜迟。播前用50~55℃温水浸种10min,转入冷水中冷却后,取出晾干播种。一般采用穴播,行距40cm,株距25cm,穴深6cm,每穴放4~5粒种子后覆土,稍加镇压、搂平,用种量3.5~4.0kg/亩。

4. 田间管理

种子繁殖出苗后,当幼苗具2~3片真叶时进行间苗,去掉弱苗,当苗高

8~10cm 时定苗，每穴留壮苗 2 株。如需补苗，选择在阴雨天或傍晚时进行。生长期需中耕除草 3 次，结合追肥培土进行，防止倒伏。4—8 月，应分次追施农家肥 3 000kg/亩，第二次追肥应加入硫酸铵 10kg/亩，第三次在植株封垄现蕾前进行，增施过磷酸钙 15kg/亩，此外可用 0.3% 的磷酸二氢钾喷施植株，可促使花蕾多而大。抽薹后打顶，可使分枝和花蕾增多。

5. 病虫害防治

红花常发炭疽病，发病时植株各器官均可被感染，叶上病斑近圆形或纺锤形，呈红褐色逐渐扩大，使花枝枯萎，花蕾不能开放。可用 50% 可湿性甲基托布津粉剂 500~600 倍液或代森锰锌 500~600 倍液喷施，7~10d 喷 1 次，连续 2~3 次防治。

6. 采收与加工

一般 6—7 月开花，当花盛开即花冠顶端由黄变红时，于晴天早晨采摘，采收时留下子房，使其继续生长结实（白平子）。花采后置于通风阴凉处阴干，也可在 40~50℃下烘干，未干时不能堆放，以免发霉变质，以表面深红微带黄色，无枝、叶杂质者为佳。

7. 留种技术

将生长健壮、株高适中、分枝多、花序大、花冠长、开花早、花色橘红，早熟无病的植株作为采种母株，并挂牌做记号。待种子充分成熟后单独采收，去除杂质，筛选大粒、饱满的种子晾干贮藏作种。

板蓝根

板蓝根，十字花科，菘蓝属，二年生草本植物，又名菘蓝、山蓝、大蓝根、马蓝根、靛青根、蓝靛根、大青根等。

经济价值：板蓝根是传统中药材，具有清热解毒，凉血利咽之功效。

适应性：适应性较强，能耐寒，喜温暖，怕水涝，喜在疏松肥沃、排水良好的沙壤土中生长，在低洼积水的土壤中容易烂根，耐轻度盐碱。

栽培技术要点：

1. 选地

选择土壤疏松，排灌方便，地力水平中等及以上，春季播前 0~20cm 土层土壤全盐含量在 0.3% 以下，土壤 pH 值为 7.00~8.50 的地块。

2. 深翻整地合理施肥

可以结合深翻整地合理施肥，每亩施农家肥 3 000~4 000kg，二铵 15kg，生物钾肥 4kg，均匀撒施后深翻 30cm 以上，再做成 1m 宽的平畦。

3. 播种的时间与方法

板蓝根在北方适宜春播，并且应适时迟播，较适宜的时间是 4 月 20—30 日。播种前，将种子用 40~50℃ 温水浸泡 4h 左右后捞出，用草木灰拌匀，在畦面上开一条行距 20cm，深 1.5cm 的浅沟，将种子均匀撒在沟中，覆土 1cm 左右，略微镇压，适当浇水保湿。温度适宜的话，7~10d 即可出苗。一般每亩用种量为 2~2.5kg。

4. 田间管理

（1）间苗定苗　出苗后，当苗高 7~8cm 时，按株距 6~10cm 定苗，去弱留壮，缺苗补齐。苗高 10~12cm 时，结合中耕除草，按照株距 6~9cm、行距 10~15cm 定苗。

（2）中耕除草　幼苗出土后浅耕，定苗后中耕。在杂草 3~5 叶时，可以选择精禾草克类除草剂喷施除草，每亩用药 40ml，兑水 50kg 喷雾。

（3）追肥浇水　收大青叶为主的，每年要追肥 3 次，第一次是在定植后，在行间开浅沟，每亩施入 10~15kg 尿素，及时浇水保湿。第 2 次、第 3 次是在收完大青叶以后追肥，为使植株生长健壮旺盛，可以用农家肥适当配施磷钾肥。收板蓝根为主的，在生长旺盛的时期不割大青叶，并且少施氮肥，适当配施磷钾肥和草木灰，以促进根部生长粗大，提高产量。

（4）主要病虫害防治方法　霜霉病发病初期用 70%代森锰锌 500 倍液喷雾防治，或用杀毒矾 800 倍液喷雾防治，每隔 7~10d 喷 1 次，连喷 2~3 次。叶枯病发病前期可用 50%多菌灵 1 000 倍液喷雾防治，每隔 7~10d 喷 1 次，连喷 2~3 次。根腐病发病初期可用 50%多菌灵 1 000 倍液或甲基托布菌 1 000 倍液淋穴，并拔除残株。菜粉蝶，俗称小菜蛾，主要为害叶片，5 月开始发生，尤以 6 月为害严重，可以用菊酯类农药喷雾防治。

5. 收获加工

春播板蓝根在收根前可以收割 2 次叶子，第一次可在 6 月中旬，当苗高 20cm 左右时，从植株茎部距离地面 2cm 处收割；第二次可在 8 月中下旬，方法同前。高温天气不宜收割。收割的叶子晒干后即成药用大青叶，以叶大、颜色墨绿、干净、少破碎、无霉味者为佳。板蓝根应在入冬前选择晴天采挖，挖时深刨，但要避免刨断根部。起土后，去除泥土茎叶，摊开晒至七八成干以后，扎成小捆再晒至全干。以根条长直、粗壮均匀、坚实粉足为佳。

6. 留种技术

留种地应选择避风、排水良好、阳光充足的地块。春播板蓝根在入冬前采挖，选择无病、健壮的根条按照株行距 30cm×40cm 移栽到留种地里。来年发棵时加强肥水管理，于 6—7 月种子由黄转黑时，整株收割，晒干脱粒。收完种子的板蓝根已经木质化，不能再做药用。

龙芽草

龙芽草，蔷薇科，龙芽草属，多年生草本植物。

经济价值：龙芽草具有药用、食用等价值。芽草全草、根及冬芽入药，有收敛止血、消炎、止痢、解毒、杀虫、益气强心的功能。其嫩茎叶可食，不仅营养丰富，而且具有很强的抗癌功效，为野味佳品。

适应性：龙芽草常生于溪边、路旁、草地、灌丛、林缘及树林下，耐轻度盐碱。

栽培技术要点：

1. 选地整地

选择土层深厚、排灌方便、轻度盐碱的地块，不宜选低洼、排水不良的地块。选好地后，结合整地每亩施厩肥或堆肥2 000~3 000kg作基肥，混匀后翻耕，做成1~3m宽平畦或高畦。

2. 栽植

（1）种子直播　春播或秋播，春播在4月中下旬，秋播在10月下旬前进行，北方以春播为主。播种时，按行距30~35cm，开1~2cm的播种沟。将种子均匀撒播入沟内，覆薄土，稍加镇压，及时浇水。每亩用种量1~1.5kg。

（2）分株栽植　春秋两季均可进行。将根挖出劈开，每根必须带2~3个根芽，及时栽种。穴栽按穴距30cm×15cm，挖15cm深的穴，每穴栽种1根，覆土5cm压实，如已发芽，栽种时将芽露出土面，栽后浇水。

3. 田间管理

（1）间苗　苗高3~5cm时开始间苗、补苗，拔去过密的小苗、弱苗。苗高15cm时，按株距15cm左右定苗1~2株。如用根芽入药的，株距可适当加大到30cm，以利于根部发育，增加根芽产量。

（2）中耕除草　苗期及时拔草松土，植株封垄后，不必再松土，但需拔草。

（3）追肥　于定苗封垄前各施肥 1 次，以后每年早春及每次收割后需再次追肥。以全草入药的可多施氮肥，每年每亩施粪肥 1 000～1 500 kg 或硫酸铵 10～15 kg。施后随即培土。以根芽入药的适当增施磷、钾肥，在早春每亩施过磷酸钙 25～30 kg，以促进根芽的生长。

（4）摘花薹　龙芽草开花结实多，除留种株外，及时摘除花薹，以促进根部生长。

4. 采收

（1）全草入药　播种繁殖的在播种后第 2 年，分根繁殖的在当年 7—8 月开花前或开花初期，割下全草，留茬 5～10 cm。南方生育期长，可再收 1 次。全草晒干，切段即成，一般种植 4～5 年后更新。

（2）根芽入药　种子繁殖的于第 2 年秋季，分根繁殖的于当年秋季，采挖地下根茎，抖去泥沙，掰下根芽，平均每株可产 15 枚。晒干即可入药，或制成粉剂或片剂。

（3）种子采收　建立留种田，或在收割地上部时选生长良好的田块留下，增施肥料，加强管理，促进果实种子的发育。在 8 月中旬后，种子由绿变褐略呈干燥状时割下，晒干，打下种子，贮存于通风干燥处备用。

蛇 莓

蛇莓，蔷薇科，蛇莓属，多年生草本植物，又名蛇泡草、龙吐珠、红顶果、鸡冠果、野草莓等。

经济价值：蛇莓具药用价值，也是一种园林绿化植物。全草入药，有清热解毒、活血散瘀、收敛止血的作用，能治毒蛇咬伤、敷治疔疮等，并可用于杀灭蝇蛆。此外蛇莓也是一种观赏价值高的优良花卉。

适应性：蛇莓的适应性广，抗性强，对环境和土壤要求不严格，沙质土、黄泥土、沙壤土、中性土、腐殖土中均能成活。多生长在山沟、林下，喜阴、半阳或偏阴的生活环境，耐寒、不耐旱、不耐水渍，耐轻度盐碱。适生温度15~25℃。露天栽培，除冬季均能成活，夏季移栽生长迅速，更易成坪。

栽培技术要点：

1. 选地整地

选择土层深厚、土质疏松、肥力一般、排水良好的地块，疏松、湿润的沙壤土更佳。选好地后，深耕细耙，平整土地。

2. 种植方法

当春夏季节外界温度在15~25℃时，将蛇莓的茎剪成20~30cm的小段，进行移栽，适宜深度在3~5cm，最适株距20cm×20cm。移栽后，覆土踩实，并将尿素兑水冲施，将土壤浇透即可。

3. 移栽建坪

移植后3个月左右可成坪。成坪后，为促进坪块繁殖和更新，可将原有草坪每间隔30~40cm呈带状切出，移栽到新的建植地，切除部分回土填平，经过40d左右的生长可恢复。每次建植坪块挖取上次剩余部分进行移栽，留下新长出的部分，以实现坪块的不断更新，两年左右便可建植7~8倍的坪块。

4. 田间管理

（1）移栽期管理　在移栽后的一周内，要浇水 2~3 次，保持土壤湿润，施肥一次，并及时拔除杂草，40~50d 后，覆盖率可达 90%，90d 左右即可成坪。

（2）肥水管理　蛇莓的抗性极强，管理简单，一般每年只需浇水 3~4 次，早春浇水可使草坪提早返青，旱季补充水 1~2 次，使草坪生长更为茂盛，入冬前最好浇一次冻水。在阴雨季节要及时排水，以免植株徒长，田间通风透光性变差，导致植株腐烂。蛇莓全年无需施肥也能正常生长，一般在早春时施用一些氮肥。蛇莓匍匐生长，无需修剪。

（3）病虫害防治　野生蛇莓具有抗虫、抗病的特点，但是当人工栽培行距小于 10cm 时，高热高湿、通风效果不佳时，会染上锈病，一般采用 15% 的三唑酮可施粉剂，稀释成 800~1 000 倍液喷洒即可。草坪间可见杂草，需在移栽前喷洒氟乐灵。

5. 采集加工

6—11 月采收全草，洗净，晒干或鲜用。

青　蒿

青蒿，菊科，蒿属，一年生草本植物，又名黄花蒿。

经济价值：药用。全草入药，洗净鲜用或晒干制药，主治疟疾、结核病热、治中暑、皮肤瘙痒、荨麻疹、脂溢性皮炎等，还可灭蚊。

适应性：青蒿喜湿润，忌干旱，怕渍水，光照要求充足，耐轻度盐碱。

栽培技术要点：

1. 采种

青蒿品种繁多，应选择株型呈柱型，分枝多，子叶紧密的品种做种。一般在9—10月进行采种，可以把种子陆续成熟的植株割下来晾干，然后把种子抖下来，去掉外壳和杂质，贮藏备用。

2. 育苗

（1）育苗地的选择　选择土层深厚、土质肥沃疏松、透水性好、排水条件好、背风向阳的地块，不宜选择地势低洼、土质黏重的田地。育苗地与大田比例1:20。

（2）精细整地、施足基肥　选晴天把育苗地犁翻耙碎，同时要把秸秆、杂草和石块捡出，亩施腐熟农家肥500kg或商品鸡粪肥250kg，起畦。

（3）起畦　起畦要求畦面宽1.1~1.2m，畦长15~20m，畦沟要平直，沟宽0.4~0.5m，沟深0.15~0.20m。播种前松土1次，然后用敌克松或重茬保等进行土壤消毒。

（4）播种　当日平均气温稳定在8℃以上时，即可播种。苗龄长的应适当减少播种量，苗龄短的反之。一般60d苗龄的每亩播种量20~25g，45d苗龄的30~40g。播种前先将苗床土浇透，畦边有水流出时即可播种。由于青蒿种子细小，播种前按种子:草木灰（细泥或细沙）1:1 000倍的比例充分拌匀后，分畦定量，均匀播种，再撒5kg左右的细土覆盖。

（5）育苗期管理　播种后，用竹片做低拱，覆盖地膜，膜的四周用土压紧压实。温度超过 25℃时，打开膜的两头降温，待苗长出 3~3.5 叶时揭除地膜。也可盖茅草或稻草，遇干旱早晚淋水，保持土壤湿润。如果苗细、苗弱，可追 1~2 次沼液肥或 0.2%尿素液。当苗长出 3~4 片真叶时间苗，使每株青蒿幼苗占地 5~10cm²。

（6）幼苗假植　选择水源充足的疏松地块，每栽植 1 亩按长 10m，宽 1.2m 建标准假植厢。在苗高 4cm 左右时进行假植，株行距为 10~12cm，每床植苗 1 500 株左右。在气温较低时，假植苗床应拱膜覆盖。假植期间要加强肥水管理，幼苗成活后用腐熟人畜粪水或亩用复合肥 5kg 对清粪水淋施，做到勤施薄施。晴天注意揭膜防止烧苗，晚间盖膜防止冻害。

3. 大田准备

选择地势较平坦、土层深厚、质地较疏松、肥力中等以上，保水、保肥力较好的旱地、旱田或缓坡地，要求水源有保障，同时要地势较高不易渍水，能排能灌，不宜选用瘠薄地、石砾地、洼田涝地、陡坡地等。选好地块后，要精耕、细整地，深翻耙碎。结合整地亩施腐熟的粪肥或沼肥 2 000~2 500kg 及磷肥 50~60kg。然后再进行 1 次犁耙，使土质松软，细碎，平整随后起畦，畦宽 0.8m，沟宽 0.4~0.5m，沟深 0.3~0.4m。畦起好后，疏通沟中的泥土，使沟达到深而畅，以利排除渍水。

4. 适时移栽、合理密植

苗龄 50d，叶龄 10~15 叶，带有 2 个以上分枝时移栽最佳。适宜的移栽期为 4 月上旬至中旬，最迟不超过 5 月上旬。选择雨后阴天或晴天下午移栽，在起好畦的两旁，实行品字型种植。栽后淋足定根水。合理密植，密度为 2 000~2 500 株/亩，3 000~3 500 株/亩。

5. 田间管理措施

（1）追肥　第一次在移栽后一周左右，亩用三元复合肥 10kg 或三元复合肥 5kg 对清粪水 500kg 淋施；第二次在移栽后 15~20d 后，亩施高钾复合肥 15kg 或 1 000kg 腐熟农家肥，并结合进行除草覆土；第三次在青蒿封行前，亩施高钾复合肥 25kg 或腐熟农家肥 1 500kg，并培土起高垄。

（2）排除积水　干旱时及时灌水，同时要特别注意及时排除田间渍水。

（3）打顶　当青蒿苗高 0.3~0.5m 时，把主芽摘除，以促进侧枝萌发。

（4）病虫害防治　平时清洁园地，安装频振式诱虫灯诱杀害虫。根腐病发病初期，用3%绿亨4号水剂或50%多菌灵可湿性粉剂 500 倍液灌根防治，每隔 7d 灌 1 次，连灌 2~3 次。白粉病发病初期用 75%百菌清可湿性粉剂 500 倍液或 8%百奋微乳剂 1 000 倍喷雾防治，每隔 7d 喷 1 次，连喷 2~3 次。地老虎用 8%天地双叉乳油 2 500 倍液灌根防治。甲虫用 12%路路通乳油 1 000 倍液，喷雾防治。蚜虫用 70%艾美乐水分散剂 1 000 倍液喷雾防治。

6. 收获

青蒿的最佳采收期为 7 月底至 8 月中旬，应在青蒿营养生长末期至初现蕾期进行收获。选择晴天，先将青蒿砍倒，晒一天后，搬到晒场晒干，打落叶子。也可用石碡或手扶拖拉机碾落青蒿叶，除去茎干，将叶晒干至符合收购要求，即可销售。禁止在公路、沥青路面及粉尘污染严重的地方翻晒、脱叶。特别注意如采收期间遇阴雨天气，应及时烘干，防止蒿叶霉烂。对符合质量要求的青蒿叶应加强保管或尽早销售，以防止霉变。

罗布麻

罗布麻，夹竹桃科，罗布麻属，直立半灌木，又称红麻、茶叶花、红柳子等。

经济价值：罗布麻具有药用、食用价值，也可做纤维等。入药有清火、降压、强心、利尿等作用，可以制保健茶。罗布麻茎皮是一种良好的纤维原料，罗布麻纤维可以与棉、毛或丝混纺，是麻织品中很有发展前途的品种。

适应性：罗布麻适应性强，对土壤要求不严，主要野生在盐碱荒地和沙漠边缘及河流两岸、冲积平原、河泊周围及戈壁荒滩上。

栽培技术要点：

1. 选地整地

选择地势较高、排水良好、土质疏松、透气性好的沙质壤土地块。不宜选择地势低洼、易涝、易干旱的黏质和石灰质地块。秋季深翻，冬耕晒垡，春季再浅耕。结合整地施足底肥，每亩施腐熟厩肥1 000~2 000kg，全面深耕，深30~40cm，耙细、整平。随后按8m×1.2m做畦，畦高8~18cm、宽30~40cm，两畦之间留作业道40cm左右，并在两畦之间增设隔离带，以减少水土流失。

2. 种植

（1）种子繁殖　因种子细小，直接播种不易出苗，可将种子装入布袋，用清水浸泡24h，期间换水1~2次，取出摊开，厚度1~2cm，放在15℃的地方，盖上潮湿的遮盖物（如麻袋、布袋等），当有50%的种子露白即可播种。为提高抗性，可用1%退菌特药液浸种20h，或用0.1%炭疽福美粉剂拌种后，闷种7d，可防炭疽病。播种时先将种子拌入1∶10的清洁细沙，也可亩施硫酸铵5kg，过磷酸钙7.5kg，与种子拌匀一起播下。在畦上开沟条播，行距30cm，沟深0.5~1cm，将种子均匀撒入盐分少、墒情好的沟内，之后覆土0.5cm，稍镇压后浇水，再覆盖草帘或稻草等保湿。待小苗欲出土时的傍晚或多云的天气撤下覆盖物。

（2）根茎繁殖　选取 2 年生以上的根茎，切成 10~15cm 长的小段，按株距 30cm、行距 25cm 开穴，穴深 10~15cm，穴口宽 15cm，每穴平栽 2~3 个根段，覆土 10cm，浇水，30d 左右陆续出苗。

（3）分株繁殖　在植株枯萎后或在春季萌动前，将根茎及根从株丛中挖出，进行移栽。

3. 田间管理

（1）中耕除草　当苗高 5~6cm 时，应及时清除杂草，并适当松土，每年 3~4 次。

（2）水肥管理　根据土壤的含水量适时灌溉，以促进苗木生长。当苗高 10cm 时进行第一次追肥，每亩施氮肥 3~5kg；6 月下旬至 7 月中旬进行第二次追肥，每亩施磷肥 10kg、钾肥 5kg，然后浇水。7 月下旬停止施肥。

（3）间苗定苗　当苗高 5cm 以上时，结合松土除草，间去弱苗、过密苗或病苗，同时移苗补苗，株距 5~8cm。三片真叶出现时定苗，亩留苗 2 万株左右，采种田留苗 12 000 株为宜。

（4）病虫防治　罗布麻病害主要是斑枯病，在生长期间如果发现，立即用 50%退菌特 600~800 倍液防治，如需再次施药，应间隔 7~10d。要及时清除病株，并在收获时做好清园工作，以减少传染源。

4. 采收加工

用种子繁殖的第一年只能在 8 月采收一次，以后每年 6 月和 9 月各采收一次。第一次采收在初花期前，距根部 15~20cm 割下；第二次从近地处割下全株。割下来的枝条趁鲜摘下叶片，炒制；或将枝条阴干、晒干后打下叶片，以叶片完整、色绿为佳；鲜枝条也可以切成 1~2cm 的短段，晒干或阴干。将干燥的叶、枝条短段装入布袋，放于通风干燥处保存待售。做纤维用者，稍部出现披针叶时为适宜收获时期，先齐地割断麻株，剔除枝叶，扎捆沤麻即得熟麻。

5. 留种

选择健壮、无病害的植株留做种株。当果实从绿色变为黄色，并即将开裂时收割，稍加晾晒，待果实完全裂开时脱粒，再晾晒 2~3d，除净杂质，装入布袋，置于阴凉通风干燥处保存。

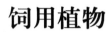

饲用植物

沙打旺

沙打旺，豆科，黄耆属，多年生草本植物，又名直立黄耆、直立黄芪、斜茎黄芪、麻豆秧、薄地犟、沙大王等。

经济价值：沙打旺具有饲用、药用价值，也是一种生态植物。沙打旺为高产牧草，每亩可产鲜草2 000~4 000kg，折合干草600~800kg，即使风沙干旱地区，每亩也可产干草200~300kg，一次种植可利用5~6年。种子可入药，治神经衰弱。沙打旺根部发达，固氮能力强，可改良土壤结构，是防风、固沙、固土的优良水土保持和治沙植物。

适应性：沙打旺为喜温抗寒植物，抗旱，不抗涝，南北均可种植，对土壤要求不严。宜在各种退化草地和退耕牧地种植，是农牧区建造人工草地的理想草种，除低洼内涝地外，荒地和耕地都可利用。幼龄林带和疏林灌丛种植沙打旺，不仅改良土壤，增加饲草，还抑制杂草，促进林木旺盛生长。盐碱化程度较重的地种植沙打旺，可增加植被，变低产草地为高产草地。

栽培技术要点：

1. 选地

选择土层深厚、不易受冲刷、不易积水的地块。

2. 整地和施肥

播前精细整地，深翻、耕耙，使地面平整，土块细碎疏松。结合耕翻，施适量的有机肥和磷肥，并注意清除杂草与菟丝子种子。

3. 播种

（1）品种选择和种子处理　目前，我国的沙打旺可分为早熟种和晚熟种，早熟种适宜在北方各地种植，可自行采种，但产量稍低。晚熟种适宜在华北、西北和东北南部种植，产量较高，但纬度较高时种植，种子往往不能充分成熟。

播前要清选种子，清除杂质，晒 1~2d 再播种。用新鲜种子播种时，播前碾磨一次为好，擦破种皮使其能吸水发芽，也可用浓硫酸处理 20min，清水洗净后播种。

（2）播种期　播种可分为春播、夏播和秋播。春播是在前一年整好地的基础上，实行早春顶凌播种，草荒地播前要除草。夏播发芽出苗快，田间杂草少。沙打旺种子生命力强，可以秋季寄籽越冬播种，但必须在霜降以后播种，以防出苗被冻死。风蚀地不可秋播，秋播易跑籽缺苗。

（3）播种方法和播种量　播种方法有条播、撒播和穴播，平地以条播为好，沙滩地多用撒播，坡地则挖穴踩种。一般条播行距 30~40cm，穴播行距和株距为 30~35cm。播种深度以 1.5~2.0cm 为宜。播后覆土 1~2cm，镇压 1~2次。供收籽用的沙打旺，播种行距以 1m 为宜。大面积土地还可利用飞机播种，但必须做好地面处理，播后耙、压 1~2 次，以防露种造成缺苗。在干旱风沙大的地区，常采用"垄上深播后耢土"法，即将种子播到湿土层，覆土 8~10cm。播种量因播种方法而异，一般穴播 250g/亩，条播 500g/亩，散播 750g/亩，飞机播种 1.5kg/亩。

4. 田间管理

（1）中耕除草　沙打旺苗期生长缓慢，又恰是杂草盛发期，必须及时中耕除草。苗齐后即中耕除草一次，隔 15~20d 再进行一次，每次均培土，一般三次后可抑制杂草。在生育后期，彻底割去高大杂草。第二年春季萌生前，用齿耙除掉残茬，返青前与每次收割后都要除去杂草，以利再生。

（2）水肥管理　沙打旺生长对肥料要求不高，可在早春生长旺盛期、越冬前进行灌溉和追速效肥，可以选用"沃叶颗粒水溶肥"和尿素搭配。适宜补充钙、磷、钼、硼等养分，在雨季前叶面喷施钼酸铵或硼砂。

（3）排水防涝　沙打旺不耐涝，要及时开沟排水，避免烂根。

（4）防治病虫害　沙打旺病虫害较少，易受菟丝子为害，要早期发现，及时连同寄主彻底割除。平时管理要注意换茬，缩短利用年限，及时刈割和拔除病株。

5. 收获与放牧

（1）青刈　种植当年割一次，两年以后每年割两次。在株高 50~60cm 时刈割，供牛、羊、马等饲用，留茬 4~6cm。北方无霜期短，第一次刈割必须保证有 30~40d 的再生期；第二次在霜冻枯死前刈割。调制干草在现蕾至开花初期刈割；青贮在开花至结荚期刈割。在东北中北部及内蒙古北部，一年只能割一次、茬地放牧一次。

（2）放牧　沙打旺在株高 40~50cm 时放牧，每次每亩放牧牛 2~3 头，羊 5~6 只，至吃去上半部为止。一般 30~40d 放牧一次。

6. 留种

沙打旺的花期较长，荚果成熟不一，成熟荚易自然开裂，应注意分期及时采荚收种。

羊 草

羊草，禾本科，赖草属，多年生草本植物。

经济价值：羊草是优质饲用植物，也是一种生态植物，其茎秆还可造纸。羊草营养价值优良，不但可以作为饲料，还可以收获种子，在东北及内蒙古东北的草场中占有极重要的地位，羊草根茎穿透侵占能力很强，能形成根网盘结固持土壤，是很好的水土保持植物。另外，羊草的茎秆也是很好的造纸原料。

适应性：羊草耐寒、耐旱、耐盐碱，耐牛马践踏，干旱地区生长良好。不耐涝，耐寒性强，对土壤要求不严，在 pH 值为 5.5~9.4 时皆可生长，适宜 pH 值为 6~8。除贫瘠的岗坡和低洼内涝地外，均可种植。

栽培技术要点：

1. 选地整地

选择排水良好、土层深厚、有机质多的土壤和沙质壤土地块，过牧退化草原和退耕还牧地也适合种羊草。播前精细整地，荒地种羊草要在晚春或早夏、雨量增多或杂草盛发期翻地，也可进行秋翻，耕翻深度以 20cm 为宜。有灌水条件的地区，播前灌水一次。盐碱地耕翻时要特别注意表土层厚度或盐碱土层深度，实行表土浅翻轻耙；盐碱程度较高的地块可采用深松作业或肥茬播种。翻后要及时耙压，利于保苗。

2. 施入基肥

羊草需氮肥较多，基肥用有机肥 2 300~3 000kg/亩或磷酸二铵 13~15kg/亩，播种时施尿素 10kg/亩作种肥。

3. 繁殖

(1) 种子繁殖 北方高寒、干旱牧区以夏播为宜，一般不超过 8 月上旬。播前对种子进行清选，以风选为宜，将空壳、瘪粒、杂草种子等除去。宜单播，行距 30cm，播种量为每亩 2.5~3.5kg，播种深度 2~4cm，播种后耙压 1~

2 次。

（2）无性繁殖　羊草根茎强大，其上有生长点、根茎节、根茎芽等，可将羊草根茎分为小段，长 5~10cm，每段有两个以上根茎节，按一定的行距埋入开好的土沟内，即可成活发芽。

4. 田间管理

（1）除草保苗　羊草出苗后 10~15d 才发永久根，30d 左右开始分蘖，幼苗期生长缓慢，易受杂草影响。在苗高 7~8cm 时，可用轻型齿耙斜向耙地 1~2 次，也可人工除草 1~2 次。单一羊草草地，可进行化学除草。二年以上的羊草草地，可在种子未熟时，铲一遍地或拔一次草，消灭高大杂草。

（2）水肥管理　追肥在返青后到快速生长时进行，以氮肥为主，适当搭配磷钾肥，盐碱地增施磷肥。可施尿素 5~10kg/亩，也可酌情配施适量过磷酸钙。追肥后应立即灌水。灌溉可根据气候条件每年进行 2~4 次，每次灌水 30~45m³/亩。

（3）切断根茎　羊草生长年限过长，会形成致密的草皮，使土壤通气性变差。当羊草生长到第 5 年、第 6 年以后，应将根茎切断，翻耙更新 1 次，促进羊草无性更新。

（4）防治病虫害　羊草易遭黏虫、土蝗、飞蝗、蚱蜢等害虫侵害，要及早防治。

5. 适时收获

羊草主要供放牧或割草用，一般割草期以 8 月中旬至 9 月上旬为宜，最后一次收割后应有 30~40d 的再生期，以保证羊草能形成良好的越冬芽和积累更多的营养物质。收获羊草种子宜在穗头变黄、籽粒变硬而未脱落时进行。

田 菁

田菁，豆科，田菁属，一年生草本植物，又名向天蜈蚣、碱菁、涝豆等。

经济价值：田菁具有饲用、食用、药用、纤维、生态植物、绿肥等多种用途。田菁种子可以磨豆腐，榨油，制酱油，田菁的茎、叶可作禽、畜、鱼的良好饲料。田菁可生产田菁胶和石油工业的压裂剂，其茎秆是造纸原料，表皮纤维可制麻。田菁入药主治胸腹炎、高热、关节挫伤、关节痛等。此外，田菁是改良盐碱地、土壤修复的先锋作物，也是优良的绿肥作物，翻压后改土增产效果显著。

适应性：田菁适应性强，耐盐、耐涝、耐瘠、耐旱、抵抗病虫及风的能力强。对土壤要求不严，土壤含盐量低于 0.5% 时可以生长，土壤耕层全盐含量在 0.3% 左右或 pH 值为 9.5 时生长良好。可作为改良盐碱地的先锋作物，与粮食作物间、套、混种及轮作。

栽培技术要点：

1. 选地整地与修建排水沟

前一年冬天深翻，冬灌后晒田。播种前整地，使用旋耕机浅旋耕，结合整地施基肥，每亩施入 30~50kg 过磷酸钙与 800kg 腐熟粪肥做基肥。提前开好排水沟，防止田间积水。

2. 播种

（1）种子处理 田菁种子皮厚，表面有蜡质，播前需对种子进行处理。可采用温水浸种法，即将种子浸入 3 倍于种子体积的温水（60℃）中，搅拌 2~3min，冷却后捞出晾干；也可拌沙擦种，或将种子用轧米机轧 2 次，再用 50~60℃的温水浸种一昼夜，直到 80% 以上的种子泡涨为止。

（2）播种 在适宜墒情条件下，土温达到 15℃ 以上即可播种，4—7月均可，具体播期根据种植方式而定。一般情况下留种地宜春播，作春绿肥用可夏播。绿肥田播种量每亩 4~5kg，留种地播种量每亩 1~1.5kg，盐碱地和短期绿肥地块适当增加20%播种量。

播种方法有撒播、沟播、穴播和条播。撒播要求播匀。沟播可在雨季前开沟，等雨压盐，有条件的地块可开沟灌水洗盐后播种，但应注意播后覆土要浅，一般以2cm左右为宜，也可覆盖一些秸秆，抑制返盐。条播以宽窄行最好，宽行10cm，窄行30cm。

3. 田间管理

（1）苗期管理　苗期注意查苗补苗，及时除草；雨后中耕松土，消除土壤板结，抑制返盐。出苗后除草一次即可，作绿肥用的也可以不除草。

（2）施肥　田菁是豆科绿肥植物，固氮能力强，施足磷肥有利增产。当苗高5cm左右时，可每亩追施硫酸铵7.5～10kg。在生殖器官形成前增施磷肥，可以促进田菁的生长发育和提早成熟。

（3）灌溉　苗期减少浇水，避免积水死亡。出苗后即使长期积水，亦能正常生长，特别是在中、后期，土壤水分越大，生长速度越快，植株越繁茂。在7—8月适当减少浇水，避免营养生长过旺。

（4）打顶心　田菁属于无限花序类型作物，需在有效开花末期进行打顶尖和圆尖，调节营养分配，可使种子成熟度趋于一致。

（5）病虫害防控　主要害虫为小蜷叶虫，为害期在7—8月，可适当稀播，清除杂草，当田间观察发现有小蜷叶虫出现时，应及时用氯氰菊酯乳油喷施，以后每2～3d观察1次，及时用药防治。

4. 适时收获

籽粒适宜收获期为10月下旬到11月上中旬，荚果有2/3由绿变褐色，种子完全饱满时收获。收割后的植株要及时运出铺晒，以防籽粒撒落田间。晒到种荚爆裂，即可脱粒，清除杂质后，晒干进仓，备售或备用。做绿肥时，翻压可结合秋耕进行，将田菁翻压于耕层20cm以下即可。

披碱草

披碱草，禾本科，披碱草属，多年生丛生草本植物。

经济价值：披碱草可作饲用，营养枝条较多，饲用价值中等偏上，分蘖期时各种家畜均喜采食，抽穗期至始花期，可刈割调制青干草，家畜亦喜食。

适应性：披碱草分蘖力强、适应性广，耐旱、耐寒、耐盐碱、耐风沙，但幼苗期抗旱能力较差。

栽培技术要点：

1. 选地

选择开旷、通风、光照充足、土层深厚、排水良好、肥力适中、杂草较少的地块。

2. 整地施肥

选好地后，精细整地，深耕20cm，并及时耙地和镇压。披碱草为多年生牧草，需施足底肥，结合整地每亩施有机肥1 000~1 500kg，过磷酸钙15~20kg作底肥，整地后镇压。瘠薄地要增加施肥量，每亩施有机肥2 500~3 000kg。

3. 播种

（1）种子处理　播前清选种子，并进行断芒包衣处理，用脱芒器脱芒或经碾压断芒。还需打破种子休眠，一般常采用晒种或加热处理，也可用变温、沙藏处理。

（2）播种　可春播也可夏播。北方春播于4月下旬或5月上旬。夏播的适宜时期是在播后能有80~90d的生长期，内蒙古为6月中旬或7月上旬，华北和西北为5月下旬或6月上旬。不可播种过晚，否则根系和越冬芽发育不良，可用硝酸铵或硫酸铵作种肥，每亩施5~7.5kg。利用传统的条播机即可播种。播种深度为2~5cm，行距30cm。行播适宜的播种量为2~3kg/亩，撒播或在播种条件不太好时，播种量应加倍。

4. 田间管理

披碱草苗期不耐杂草，可在分蘖前后除草一次。拔节期进行第一次中耕，灭草松土，促进幼苗迅速生长。如果幼苗干旱缺肥，可适量追肥和灌水一次。第二年以后，可根据杂草发生和土壤板结情况，及时中耕除草和松土 1~2 次，并及时补种缺苗。在披碱草分蘖前应及时灌溉，追施速效氮肥。拔节期灌水 1 次。披碱草易感染锈病，发病时叶、茎和颖上产生红褐色粉末状疮斑，后期病斑变黑，植株逐渐枯死，可用敌锈钠、石硫合剂、代森锌等防治。

5. 收获利用

披碱草每年刈割 1~2 次，在生育期较短、气候干燥，土壤贫瘠的地方，一年只能刈割一次。刈割一次者在抽穗至开花期刈割，每亩产干草 50~250kg；刈割二次者，第一次在孕穗至抽穗期刈割，第二次在上次后 34~40d 刈割，每亩产干草 250~300kg。披碱草的利用期为 4~5 年，其中以第二、三年长势最好，产量最高，第四年以后产量下降，要及时更新。种子成熟后，茎秆粗硬，适口性降低。

采种要在穗头变黄，茎秆仍为绿色时进行，可以割全株或割下穗头，晒干后脱粒，通常每亩收种 60kg 左右。

马 蔺

马蔺，鸢尾科，鸢尾属，多年生密丛草本宿根植物，又称马莲、马兰、马兰花、旱蒲、马韭等。

经济价值：马蔺具有饲用、药用价值，也是一种纤维与园林绿化植物。马蔺利用年限长，产草量高，营养成分丰富，为各类牲畜尤其是绵羊喜食，每亩可产干草500kg。马蔺的花、种子、根均可入药，花晒干服用可利尿通便；种子和根可除湿热、止血、解毒；种子有退烧、解毒、驱虫的功效。作为纤维植物，可以代替麻生产纸、绳，叶是编制工艺品的原料，根可以制作刷子。马蔺根系发达，叶量丰富，管理粗放，是优良观赏地被植物，具有较强的贮水保土、调节空气湿度、净化环境的作用。

适应性：马蔺喜温、耐寒、抗热，不怕霜冻，抗旱性颇强，在年降水400~800mm的地方无需灌水也可正常生长，极度干旱时会假眠度危，但不耐涝。再生性好，抗病虫害，耐刈、耐磨、耐践踏。喜光较耐阴，对土壤要求不严，耐瘠薄、耐盐碱，黄土岗地、沙地等处都能生长，并能在pH值8.0以上，含盐量2%，钠离子含量0.05%的重盐渍化土壤上顺利生长，但以碱性沙质土及黑钙土最为适宜。

栽培技术要点：

1. 选地

选择排灌方便，春季播前0~20cm土层全盐含量在1%以下的盐碱地、沙化地、公路两侧绿化用地等。

2. 马蔺的繁殖

(1) 种子繁殖　利用马蔺种子进行小苗繁殖，有直播和育苗两种方式，播前将新采收的种子放在30℃左右温水中浸泡24h，然后按湿沙与种子比为2:1的比例放在2~7℃条件下，沙积100~120d，沙的湿度以手握成团，手松开能散开为宜，打破种子休眠，然后进行播种。条播行距20cm，每平方米用种量

20g 左右；穴播行距 15cm，株距 15cm，每穴 10～15 粒，每平方米用种量 20g 左右；床播育苗每平方米用种量 70g 左右；营养钵育苗采用 10cm×10cm 的营养钵，每钵播种子 10～15 粒。上述播种方式播深均 3～5cm，覆土厚 3～5cm，从播种到齐苗 50～60d。马蔺苗不带土移栽成活率较低，建议用营养钵育苗移栽。

（2）根苗繁殖　选取生长 3 年以上的马蔺根（粗 0.5cm 以上），于 5 月中旬根植于圃地，进行分株繁殖，培育种苗。

3. 整地施基肥

结合整地施足底肥，亩施农家肥 2 500kg，磷酸二铵 10kg，硫酸钾 5kg。

4. 定植

（1）定植时间　终霜期过后进行直播，可条播、穴播，或者进行小苗移栽。

（2）定植密度　采用垄距 67cm，株距 40cm，亩保苗 2 500 穴左右，每穴 3 株苗。

（3）定植方法　选取二年生马蔺苗，刨坑坐水移栽，即先将坑浇足水，不等水渗下，用手捏住苗的根部插入泥中，随即埋入，等水渗下后将坑填平，上面再覆一层细土，7d 左右即可缓苗，1～2 年后开花结实，花果逐年递增，成固定墩。

5. 田间管理

马蔺适应性极强，可以粗放管理。定植后，每年可进行 3 次除草，第一次在 5 月下旬进行，第二次在 6—7 月进行，最后一次在 9 月进行。如果采叶，在 7 月下旬刈割，割后 3d 进行追肥灌水，亩施尿素 10kg 或硫酸铵 20kg，30d 以后刈割第二次，每年可割 2～3 茬，霜前 30d 停止收割。

6. 病虫害防治

马蔺抗病虫性极强，基本不发生病虫害。

7. 采收加工

7 月下旬至 9 月上旬是马蔺采叶的最佳时期。选择晴天上午，距地面 3cm 处收割，自然晒干，防止雨水浇淋，用作绑扎和草编材料。8—9 月马蔺果实成熟，割下果穗，晒干打取种子，用作繁殖材料或作为药材出售。

谷 稗

谷稗，禾本科，稗属，一年生草本植物。

经济价值：谷稗具饲用价值，其植株高大、草质优良，是牧草中上等的饲料作物之一。生长旺盛，分蘖力强，叶量大，草质柔软，适口性强，并且营养丰富。

适应性：谷稗适应性广，喜水肥，抗旱能力强，抗倒伏，对土壤要求不严，耐瘠薄，耐轻度盐碱，喜光，在光照充足的条件下生长快速。

栽培技术要点：

1. 选地、整地、施肥

谷稗对土壤要求不严，以地势平坦、排水良好的壤土为好。选好地后，秋翻秋耙，使土地平整，土壤细碎，然后进行秋起垄。结合秋整地每亩施磷酸二铵 5.5kg、尿素 1.1kg、硫酸钾 0.8kg。

2. 品种选择及种子处理

选择优良品种，播前人工精选种子，去掉病、杂粒和破碎粒。

3. 播种

平均地温在 10℃ 以上即可播种，采用 68cm 垄作，人工条播，播后及时进行镇压。设计保苗 150 株/m²，播种量 0.80~0.85kg/亩，由于谷稗出苗能力较弱，播深在 3~4cm 为宜。

4. 田间管理

（1）间苗定苗　当苗高 10cm 左右时，进行间苗定苗，去掉弱苗和过密苗。

（2）中耕除草　谷稗苗期生长缓慢，易受杂草侵害，要早除草、早中耕，坚持在生育期内多铲多镗。苗高 20cm 时，人工除草，然后中耕；苗高 40cm 时，再次除草趟地，再进行定苗、定株。中期谷稗长势旺盛，第三次中耕除草。如大面积种植的牧草,可用 2,4-D 丁酯乳油和 2,4-D 钠盐粉剂进行除草。

(3)浇水　谷稗耐旱能力强,喜水耐涝,旱季有条件的地区可每隔一周灌溉一次,一般 3~4 次为宜。

(4)病虫害防治　谷稗抗逆性强,很少有病虫害的发生。

5. 收获

9—10 月及时收获,收获时植株保持青绿,叶量大且柔嫩,收割后先在田间干燥,待含水量降到 20% 时,晒干调制成干草,具有清香爽口、颜色鲜绿、适口性好的特点,可作为牲畜冬、春季饲养用草。

毛苕子

毛苕子，豆科，野豌豆属，一年生草本植物，又称长柔毛野豌豆、毛叶苕子等。

经济价值：毛苕子为优良牧草及绿肥作物。

适应性：毛苕子对土壤要求不严，但性喜沙质、壤质中性土壤，也可在微酸性或微碱性土壤、干旱贫瘠地种植，不适宜低凹潮湿或积水地。

栽培技术要点：

1. 选地

选择排灌良好，土层深厚的地块，前作收获后及时耕翻，如有灌溉条件，做好灭茬除草蓄水保墒工作，翌年早春及时播种。

2. 施肥

整地的同时每亩施腐熟农家肥1 500~2 500kg，配合施入过磷酸钙25~50kg或磷二铵10~15kg。

3. 播种

（1）种子处理　毛苕子种子的硬实率高，播前应进行处理，可用机械方法擦破种皮，或在播前2~3d用温水浸种，水量以与种子齐平为宜，2~3h翻动一次，待有50%左右的种子萌动时下种。

（2）播种　种子田以早春或上年入冬时寄子播种；冬小麦种植区可于上年秋季播种，留苗过冬；牧草或用作绿肥的，可早春、晚春、初夏或夏作收获后复种。种子田播量4~5kg/亩，牧草地每亩6~8kg/亩。种子田应单播、条播或穴播，条播行距40~50cm；收草地可撒播或条播，行距20~30cm。播种深度一般2~3cm，墒情差时可略深。播种后镇压。

4. 田间管理

毛苕子幼苗易受杂草为害，应及时中耕除草，中耕深度3~6cm，进行2~3

次。当植株生长封垄后，毛苕子可抑制杂草生长。另外，种子田切忌牲畜为害。毛苕子抗旱耐瘠薄，于5月底6月初灌一水，并适量追施氮肥，每亩施硝酸铵2.5~5kg。6月下旬灌二水，7月中旬灌三水，一般全生育期灌三次即可。

5. 收获

（1）青饲料或绿肥　青饲料或调制干草，应在盛花阶段刈割。做绿肥可部分翻压。

（2）种子　毛苕子落粒性很强，应及时收获，中部花序2/3的荚果变褐色的时候即可收种，应在早晨露水未干时进行。

苜 蓿

苜蓿，豆科，苜蓿属，多年生草本植物。

经济价值：苜蓿是最重要的栽培牧草之一，适应性广，产量高，品质好，被称为"牧草之王"。

适应性：苜蓿抗旱、耐寒、耐盐碱能力都很强，可提高盐碱地利用率，除提供牧草，还具有抑盐、培肥等作用。

栽培技术要点：

1. 选地

选择地力水平中等，灌排方便，春季播前 0~20cm 土层土壤全盐含量在 0.5%以下，土壤 pH 值为 7.80~9.00 的沙壤土或轻壤土地块，但以深厚疏松、富含钙质的土壤最为适宜。

2. 品种选择

栽培可选用的苜蓿品种有金皇后、德宝、三得利、法国香槟、阿尔冈金苜蓿等。选用通过国家、省级品种审定委员会审（认）定的品种。种子质量符合国家二级以上良种要求，纯度不低于 96%、净度不低于 95%、发芽率不低于 85%、水分不高于 10%。

3. 整地施肥

选好地块，于前作收获后，进行浅耕灭茬，清除草根，再深翻，冬春季节作好耙糖、镇压蓄水保墒工作。水浇地要灌足冬水，播种前，再行浅耕或耙耱整地。翻后平地，提倡采用激光平地仪，使地面高差不大于 5cm。结合深翻或播种前浅耕，每亩施有机肥 1 500~2 500kg，过磷酸钙 20~30kg 为底肥。施深 10cm，并趟平压实地表。对土壤肥力低下的，播种时再施入硝酸铵等，促进幼苗生长。整好地后，覆膜。

4. 适期早播

苜蓿播种分为春季和夏末秋初两个时期，春播以 4 月上中旬为宜，抢墒播种，夏末秋初播种应在 7 月下旬至 8 月上旬完成，不得晚于 8 月 10 日。播种必须达到墒情良好，土壤细碎，播量准确，深浅一致，下籽均匀，膜面平整，覆土良好。地膜膜边压土 6~8cm，播种行间压土带 5~6cm，每 5m 横压防风带。苜蓿幼苗顶土力弱，浅播 1~2cm，播种后及时用湿土封穴。

5. 合理密植

肥力较好的地块播种量为 0.7~0.8kg/亩，肥力较差的土地块播量为 1~1.2kg/亩。一般选用幅宽 145cm 地膜，铺成宽 120cm 的播带，带间距 30cm，每带 5 行，行距 30cm，穴距 15cm，为了实现精量播种，提倡种子包衣或拌种。

6. 田间管理

（1）增施种肥，及时补种　在施足底肥的基础上，播种时施硝酸铵 8~10kg/亩或缓释尿素 4~5kg/亩做种肥。播后及时对地边角、膜间水沟进行补种，补种品种要一致，防止混杂。

（2）查苗、放苗　苜蓿出苗后及时查苗，缺苗地段及时补种。灌水前要经常检查，及时压好地膜，防止风吹揭膜。苜蓿出苗后及时将错位的幼苗放出，宜在早晚进行。

（3）中耕除草　苜蓿苗期易受杂草侵害，应注意及时除草。早春返青及每次刈割后应中耕松土。

（4）适时灌水　播后及时灌水，春播的头水应在二至三叶期灌，水量不宜过大，田间积水超过 4h 应及时排出；如果发现失墒严重，出苗不整齐或整片缺苗，应及时灌水。每茬收割后 7d 内灌水，9 月下旬至 10 月中下旬灌足秋冬水。翌年早春土壤化冻、苜蓿开始返青时应及时灌水。

（5）适量追肥　苜蓿返青前及时进行苗耙，结合苗耙条施普通过磷酸钙 40~50kg/亩或磷酸二铵 15~20kg/亩。结合灌头水或二水追施尿素 5~7kg/亩。生长期用 0.3% 磷酸二氢钾水溶液 200g/亩叶面喷洒 2~3 次。每年入冬前及每次刈割后结合灌水应追施尿素 5~10kg/亩。

（6）病虫害防治　白粉病、褐斑病可用 70% 甲基托布津可湿性粉剂或 70%

代森锰锌可湿性粉剂 15g/亩兑水 15kg 叶面喷洒防治，严重地块可提前收割。为害苜蓿的虫害有蚜虫、蓟马、浮尘子等，可用40%氧化乐果乳油加40%溴氰菊酯 225g/hm^2，或 50%抗蚜威水分散粒剂 10g/亩兑水 15kg 喷施防治，也可用乐果、敌敌畏等喷雾防治。地下害虫常见有蛴螬、蝼蛄、地老虎、金针虫等，可采用甲基异柳磷、3911 或 1605 拌种，撒毒饵、灌根进行防治。鼠害可在洞口投放杀鼠迷、毒饵等杀鼠药及布夹进行防治。及时清除田间大草，特别是苗穴杂草。

7. 适时收割

苜蓿 1 年可刈割 2~3 次，一般产鲜草 2 000~4 000 kg/亩。6 月上旬，在 10%~20%的苜蓿开花时（即初花期）开始适时进行头茬收割，割茬高度 5~6cm，最晚不能超过盛花期。收割后晾晒至水分低于 20%时及时打捆交售。二茬收割应在 7 月中下旬，三茬收割在 9 月上中旬，一般在早霜来临前 30d，二茬、三茬也应适时收割打捆。收割打捆时防止损坏地膜。最后一茬收割应留 20~30d 生长时间，割茬高度不低于 5cm，使冬前的再生草长到 10~15cm，以便安全越冬和为第二年生长积累养分。收种子的苜蓿可在黄果大部分变褐时收获。

8. 越冬管理

最后一茬收割后，灌足越冬水，确保地面封冻。冬季禁止牲畜啃踏，禁止放火烧荒，保护地膜，确保苜蓿安全越冬。

籽粒苋

籽粒苋，苋科，苋属，一年生草本植物，又名绿穗苋、千穗谷等。

经济价值：籽粒苋具有饲用、食用价值。常作为药食、饲用类作物，被广泛栽种和利用，营养价值丰富，符合FAO/WHO推荐的人类蛋白质食用标准，是人类理想的食材之一。

适应性：籽粒苋具有适应性强、生物产量高、抗旱、耐瘠薄、耐盐碱能力强等特点。在生育期间能忍受30cm的土层含水量仅4%~6%的极度干旱条件。在轻中度盐渍化土壤及pH值为5.5~8.6的酸性和碱性的土壤中都可以生长良好，在中国各地皆可种植。

栽培技术要点：

1. 选地整地

选择阳光充足，灌排方便，地力水平中等，春季播前0~20cm土层土壤全盐含量在0.5%以下，土壤pH值为7.80~9.00的壤土、沙土等地块，甚至沙地、石头较多的土地以及裸地。最好不要重茬。秋翻春耙整好地。

2. 适时播种

春季气温稳定在14℃左右时，即为适宜播种期。干旱季节应抢墒播种。如作为青饲料种植，播种期不限。每亩用种量为50~100g，但在土壤条件差的地块，播种量要增至150~200g。用开沟器开沟后直播。行距60~70cm，株距15~20cm。可将苋籽与沙子混合撒播，播后覆土2~3cm，轻镇压。

3. 田间管理

（1）间苗　当苗高8~10cm时（二叶期）间苗，15~20cm时（四叶期）定苗。每亩留苗5 000株，青饲料地每亩留苗20 000株或更高。

（2）施肥　籽粒苋，要适当增施钾肥，每亩施入有机肥4 000kg，尿素15~20kg。

（3）中耕培土、除草 在播后 28～35d 及时除掉杂草，当株高 1.0～1.5m 时，要结合中耕进行培土。

4. 刈割

植株长至 1.2m 以上时，根据不同需求进行刈割。如作为饲用，春播 1 年可割 2～3 茬。

5. 采种

当主穗稍发黄，籽粒发亮，用手触摸主穗，有落粒现象，即表明籽实有 70%～80% 成熟，及时采收。

沙 蒿

沙蒿，菊科，蒿属，多年生草本植物。

经济价值：沙蒿具有饲用、油用、药用价值，也是一种生态植物。沙蒿是一种很好的牧草植物，根系粗长，鲜嫩多汁，同时也是牧区燃料来源，种子可供食用，亦可榨油食用，出油率 10% 左右。嫩枝叶入药，有止咳、祛痰、平喘的功能，可治疗慢性气管炎、哮喘、感冒、风湿性关节炎等病症。沙蒿枝条匍匐生长，有利于防风阻沙，为固沙先锋植物种，具有重要的生态价值。

适应性：沙蒿具有适应性强、耐干旱、耐轻度盐碱、耐寒、抗风蚀、喜沙埋、生长快、固沙作用强等特点。

栽培技术要点：

1. 选地整地

选择阳坡沙性土壤，一般可利用不适于种庄稼的土地种沙蒿，但不宜选择黏性土壤。

2. 建植

（1）直播建植　适用于年降水量 200mm 以上的地区，种植方法有两种：一是直接撒播种子，然后驱赶羊群践踏；另一种是用小桶底打孔后，装沙蒿种子挂在羊脖子上随羊走动播种。

（2）扦插建植　早春和晚秋时节，割取 2~3 年生的沙蒿枝条，长度 40~80cm，在流动沙丘迎风坡下部，每穴栽 10~20 根，上露 5~20cm，以秋季栽植的成活率高。

3. 草地管理与利用

沙蒿草地的利用以放牧为主，也可适当打草利用。要实行以草定畜，划区轮牧，控制放牧强度来防止草地退化、沙化。第一年需锄草 1~2 遍，以后根据劳力情况，在行间浅耕一次，以促进根系的生长和发育。沙蒿当年可生长 15~

20cm 高，秋收后平一次茬，留茬 1.5cm 左右。沙蒿生长 10 年后开始衰老，应进行平茬更新复壮，宜在秋末春初进行。

4. 采种

沙蒿种子来源主要是野生种群产地采集。沙蒿种子于 9 月下旬逐渐成熟，到 10 月上旬至 11 月下旬，其花序逐渐枯黄并脱落，应注意及时采种。人工摘下花序，晒干，除去杂质后，储藏于通风干燥处。

四翅滨藜

四翅滨藜，藜科，滨藜属，多年生半常绿灌木。

经济价值：四翅滨藜具有饲用价值，也是一种生态植物。四翅滨藜是荒漠、半荒漠山旱地极有价值的优良饲料灌木，枝叶含12%以上的粗蛋白。其是一种速生性优良灌木，是荒漠地带植被、水土保持的先锋树种，另外，它的枝叶阻燃效果较好，可作为天然林场及草场的防火隔离带。

适应性：四翅滨藜是半干旱地区的典型植物，适应性广，高度耐旱、耐盐碱、耐寒冷，干旱、半干旱荒漠盐碱地带生长良好。

栽培技术要点：

1. 选地整地

可选在海拔2 800m以下，年降水量250mm以上，年均温5℃左右的干旱、半干旱荒山荒坡、荒漠半荒漠地带栽植，适宜的土壤类型为淡栗钙土、栗钙土、灰钙土、沙质盐碱土、风沙土等。播种前应划分小区，平整土地，深翻，同时清除残茬、杂草、石块等杂物。

2. 种植

(1) 扦插育苗移栽

①基质选择与插床制作：以河沙为主要基质制作通气透水性能良好的插床。铺沙前先用辛硫磷1∶1 500倍液和硫酸亚铁3∶1 000倍液进行土壤消毒。然后用高锰酸钾1 500倍液和25%多菌灵1 500倍液可湿性粉剂对河沙进行处理。插床有三种：一是河沙熟土粗沙固定插床，是一种直径为12m的圆形固定插床。下层为粗沙（或小卵石、煤灰渣）5~10cm，中层为混合农家肥的轻壤土10cm，上层为纯净河沙层5~8cm。扦插深度3~4cm，株行距5cm×10cm。首次投入较高，但插穗生根后生长旺盛，根系较发达，炼苗期短。二是河沙草炭土营养杯插床，是以中粒纯净河沙与草炭土以2∶1比例混合，装在8cm×12cm×5cm塑料营养杯内。单杯单株扦插，苗木根系发达。三是细沙育苗盘插床，是

以小粒纯净河沙为基质，装在 5cm×8cm×3cm 多孔育苗盘内。单孔单株扦插，成本低，生根早，但需在生根后进行叶面施肥促进生长。插床可设拱棚，拱棚 0.95~1m 宽，0.7~0.8m 高，然后再架设遮阴网。扦插 20d 以后，逐渐拆棚，以便扦插苗生长。

②插穗制作：选择四翅滨藜幼年母树当年生长的半木质化嫩枝为穗材，一般要求嫩枝长度在 25cm 以上。在中国西北、华北地区，6 月上旬至 9 月中旬均可采穗。穗材采集后，应及时置于阴凉潮湿处或用湿润的材料包好，以避免失水。截取嫩枝的下部为插穗，长度一般以 8~10cm 为宜。插穗保留 4~5 个芽，保留上部 2/3 叶片，以便进行光合作用，促进插穗下部生根。上切口剪成平面，下切口剪成光滑斜面，避免因皮部太薄引起操作损伤，导致病菌侵染。扦插时也可先以清水浸泡插穗 20min，再用 300mg/kg 的 ABT 生根粉 1 号溶液速蘸 5s，提高生根率。速蘸时注意插穗上部叶片不要蘸上处理液。

③扦插：做到随采条，随剪截，随处理，随扦插。插于插床上，扦插深度 2~3cm 为宜，扦插密度 5~6cm×10cm，均匀扦插。扦插时间一般在上午 5 时至 10 时 30 分，下午为 16 时至 20 时。

④苗期管理：温度保持为 25~30℃，扦插初期空气相对湿度保持在 95%以上。插后每天用喷雾器喷水两次，喷水时间应掌握在有太阳时上午 11 时左右，下午 2 时左右。15d 内即可生根，插穗生根以后，空气湿度保持在 75%以上。

⑤移栽：为保持根系完整并便于起苗，造林用苗一般以高 5~15cm 为宜。容器育苗在起苗前必须灌足底水，进行带土造林。最好做到随起苗、随运输、随造林。裸根苗在春、秋季移栽，容器苗在雨季、秋季移栽。栽植时做到苗正、不窝根、踩实并及时浇水。干旱地区移栽时要采用深坑浅埋的技术，栽好后形成一个集雨坑。盐碱地栽植密度一般为 1.5m×1.5m。

（2）直播　在播种之前，将种子在 0℃下冷冻 38h，以结束休眠，进行 24h 的水泡及洗涤处理，以便排除果皮中的抑制物质。之后可以用手工或者机器碾压破壳。可采用条播（行距 50cm）或撒播方式，每亩播种量 2.0~2.5kg 为宜。

3. 林地管护

（1）围栏封牧　四翅滨藜的适口性较好，因此，在造林后的前两年，必须对造林地严加管护，采取封禁措施，防止牲畜啃食、践踏，保证幼苗成活及前期生长。

（2）过冬管护观测　霜冻后，四翅滨黎生长基本停止，处于休眠状态，需增强多面化管理管护，为来年提高产量打好基础。

（3）除杂草　及时除杂草，保持田间的干净，防止病虫害。

4. 放牧

及时进行保护性放牧，30多株四翅滨藜能支撑一只羊的基本饲草。

胡枝子

胡枝子，豆科，胡枝子属，直立灌木，又名萩、胡枝条、扫皮、随军茶等。

经济价值：胡枝子具有饲用、药用、食用、燃料等价值，也是一种生态植物。胡枝子鲜嫩茎叶丰富，是马、牛、羊、猪等家畜的优质青饲料，带有花序或荚果的干茎秆是家畜冬春的优质青储备饲料。胡枝子根、花入药，性味平温，有清热理气和止血的功能。种子可制做成粥，还可制成豆腐，嫩叶可制茶叶饮用。干燥，茎秆易燃性能好、供热量高，是优质的薪柴树种。此外，胡枝子由于枝叶茂盛和根系发达，可有效保持水土。

适应性：胡枝子耐旱、耐瘠薄、耐盐碱、耐刈割，耐寒性很强，对土壤适应性强，在瘠薄的新开垦地上可以生长，但最适于壤土和腐殖土。

栽培技术要点：

1. 采种

采集野生种作种，9—10月，当荚果黄褐色时即可采集，荚果晾干后搓掉果柄，清除杂物后，装袋贮藏于干燥通风处。

2. 选地整地

育苗地选中性的沙质壤土为好。选好地后深翻，一般不浅于30cm，翻后做床或畦，待播种。结合整地播种前每亩施过磷酸钙200~300kg。

3. 繁殖

（1）种子 播种前进行种子处理，播前3d用"两开一凉"的热水浸种（即用2份开水1份凉水，当水温降到50℃时，边倒水边搅拌种子）。浸24h后捞出，放箩筐内，在保持一定温度和湿度的条件下催芽，当种子咧嘴1/3时即可播种。也可采用沙藏催芽法，用湿润细沙藏种，混拌匀后装入木箱中，置阴凉处，待种子出现白芽孢，即可播种。选择在土壤水分充足的早春或雨季播种，一般采用开沟条播，按 20~30cm 开沟，播时将种子与沙混合播下，覆土 0.5~1cm，每亩播种量 2~5kg。也可采用地膜覆盖。

（2）插条　选取粗 0.5~1cm 的萌条，截成约 20cm 的插穗，秋季或早春扦插均可。

4. 移栽

在有水土流失的坡地，采用水平沟、水平阶整地进行栽植。选根系良好的壮苗，苗木宜截干，穴植，穴径 30cm，深 30~50cm，每穴植苗 1~2 株，栽后浇水并覆土保墒。

5. 田间管理

（1）定苗　在苗高 6~10cm 时进行定苗，条播株距 20cm 左右，穴播每穴 1~2 株。

（2）追肥　在定苗后追施氮肥和磷肥，可施硫酸铵 5~10kg/亩，过磷酸钙 5kg/亩，加速幼苗的生长。

（3）除草松土　苗出齐后即可进行第 1 次除草，以浅除为好，以后视杂草情况再除 1~2 次即可。

（4）排水灌水　在苗期保持湿润。幼苗时不耐涝，注意排水。

（5）平茬　2~3 年时需进行平茬，促进其生长发育。

6. 收获

当年产草量不高，第二年以后生长快，苗高 40~50cm 时即可刈割，每年刈割 1~2 次，每亩年产鲜草 1.5~2t。也可调制成干草，制干草时在开花期刈割为好。种子收获应在荚果变黄时进行，每亩可收种子 15~20kg。

柠 条

柠条，豆科，锦鸡儿属，灌木，又名柠条锦鸡儿、毛条、白柠条等。

经济价值：柠条具饲用、绿肥价值，也是一种纤维、蜜源与生态植物。柠条枝叶可作绿肥和饲料。茎皮可制"毛条麻"，供搓绳、织麻袋等用。此外，其开花繁盛，为优良蜜源树种，也是水土保持和固沙造林的最佳树种之一。

适应性：柠条抗严寒、耐酷热、耐干旱、耐瘠薄、耐轻度盐碱、耐风蚀、耐沙埋，容易繁殖，喜光性强，在干旱半干旱的阳坡、顶部和固定、半固定沙地均能正常生长。

栽培技术要点：

1. 造林地选择与整地

选择柠条植苗造林地，选好地后整地，一般地势比较陡峭的地块采用鱼鳞坑整地方式，标准为长1m、宽0.6m、深60cm；地势比较平坦的地块采用圆穴坑整地方式，标准为穴口直径60cm、穴深80cm。

2. 造林

柠条一般采用直播和植苗两种造林方式。

（1）育苗造林

①育苗地整地：柠条一般采用大田育苗，育苗前对苗圃地进行翻耕，清除杂物，耙细整平。水浇地也可做床育苗，苗床的长度一般要求10m，宽度为1m。顺床开播种沟，深度4cm，宽8cm，播种沟的间距以20cm左右为宜。

②采种：选择生长良好、无病虫害的母树林进行采种。6月中旬至7月上旬种子陆续成熟，当荚果由暗红色变为黄褐色，由软变硬时及时采摘，要随熟随采。将摘下来的荚果自然曝晒，并用小木板轻轻拍打，使荚果自行开裂，种子散落出来，然后继续晒种，直至干硬，除去荚壳和夹杂物，即得纯净种子。种子贮藏前用40%拌种灵可湿性粉剂3 000~5 000倍液进行拌种，以防虫蛀，处理后的种子要放在通风干燥处保藏。

③种子筛选及发芽率检验：种子在去掉杂质及劣质、残缺种子后，纯净度要求不低于90%。然后数出100颗放在碗中，清水浸种12h，沥干后用湿纱布罩住碗口，在25℃下保湿催芽，每隔12h用清水浸漂3min，7d后有80%以上的种子发芽，表明种子质量较好，可播种。

④种子处理：为了预防豆象、白粉病或叶锈病等病虫害，在播种前还要对种子进行药物处理，一般采用消毒处理办法。消毒处理是把1g高锰酸钾倒在盆里，兑水100g稀释，把处理过的500g种子倒进溶液中，搅匀，浸种30min。处理后，把水沥干，用清水淘洗1遍，加水浸种12h，等种子充分吸水膨胀后，倒掉水。把种子平铺在塑料布上，勤翻，室温保持在13~18℃，催芽24h就可播种。

⑤播种：要在6月中旬进入雨季时抢墒播种，一般采用条播，播种量1.5~2kg/亩。柠条种子破土能力差，播种深度要在3cm左右。

⑥幼苗期管理：种子在播种10d后就会发芽出土。7月中旬，当苗长到2~3cm时要进行中耕除草1次，要将垄背疏松干净。靠近苗周围的草要用手拔除，不要伤到幼苗。中耕要至少达到3cm深。

⑦栽植：植苗造林时，要按照每2株苗为1坑的标准种植，先把坑底的土刨开一个5cm深的小坑，把苗放进去，一手握住茎中端，另一只手进行覆土。覆土厚度以刚好埋住柠条苗的根部为宜。把土压实，防止风干，保持水分。鱼鳞坑栽植后要求里低外高，坡地圆穴坑栽植后要在坑沿下部培土筑埂，平地要求栽植后预留20cm的蓄水坑。

（2）直播造林　直播造林于3月下旬至4月上中旬进行，旱地5—7月土壤墒情较好或降雨后抢墒播种，播种时间不能太晚，否则影响造林成活率。

3. 幼林抚育管理措施

柠条栽植后第1~3年，主要管理措施包括管护、除草和修坑。要看护好林地，禁止人畜为害，保证幼苗生长。要对3年内的小苗每年进行1次除草，把坑窝里的杂草全部除掉。

4. 成林抚育管理

柠条栽植后的第4年开始进入成林抚育管理期，易出现植株衰老、生长缓慢的现象，需要平茬复壮，平茬最好在每年种子采收后的秋末、初冬进行。从第 1 次平茬开始算起，以后每隔 3 年要平茬 1 次，这样不仅能促进植株复壮，还能延长柠条的生长年限。

5. 病虫害防治

柠条主要虫害是种实害虫，如柠条豆象、柠条小蜂、柠条荚螟、柠条象鼻虫等。花期用 50%百治屠 1 000倍液毒杀成虫。5 月下旬用 80%磷铵 1 000倍液，或 50%杀螟松 500 倍液毒杀幼虫，并兼治种子小蜂、荚螟等。筛选出有豆象虫害的种子，集中焚毁。

紫穗槐

紫穗槐，豆科，紫穗槐属，落叶灌木，又名棉槐、椒条、棉条、穗花槐等。

经济价值：紫穗槐具有饲用、药用价值，也是一种编织、蜜源与生态植物。紫穗槐叶量大且营养丰富，是优质饲料植物。叶微苦、凉，具有祛湿消肿功效，主治痈肿、湿疹、烧烫伤等。强壮的株丛萌生15~30个萌条，可割条10~20年，供编织各种生产和生活用具。紫穗槐花期很长，是北方初夏时节的蜜源植物。其具根瘤菌，能改良土壤，侧根发达，萌芽力强，是防风林带紧密种植结构的首选树种，是保持水土的优良植物材料。

适应性：紫穗槐耐寒、耐旱、耐湿、耐盐碱、抗风沙、抗逆性极强，在沙地、黏土、中性土、盐碱土（能在0.7%以下含盐量的盐渍化土壤上生长）、酸性土、低湿地及土质瘠薄的山坡上均能生长。

栽培技术要点：

1. 育苗地选择与整地作床

紫穗槐幼苗具有耐旱及抗涝的能力，对土壤要求不严，但为培育壮苗，育苗地需选择地势平坦、排水良好、灌溉方便、土壤深厚、较肥沃的中性壤土地块。选好地后，于前一年的秋季深耕30cm，翌年4月上旬播种前细致整地，施足底肥，每亩施入充分腐熟的有机肥料1 500~2 000kg，复合肥15kg，浅耕整平，做成宽1.2m、长10m的平床，南北方向，床面要平整，土质要细碎。四周开沟，以利排水。

2. 育苗

（1）播种育苗

①种子采集：选择生长健壮、无病虫害的优良母株，进行采种。果熟期为9—10月，荚果椭圆形，成熟时棕褐色，内含1~2枚椭圆形或长肾形的种子。采收后，放在阳光下摊晒，除去杂物，每日翻拌几次，5~6d晒干后，把干净

种子装袋贮藏。

②种子处理：紫穗槐荚果果皮含油脂，种子坚硬，发芽缓慢。可采用热水浸种催芽法或肥水浸种催芽法。热水浸种催芽法即在播种前，将种子放在大盆中，然后倒入 2 份开水，1 份凉水，水温约 60℃。边倒热水边搅种子，当水温约达 30℃时，停止搅拌，自然冷却后浸种 24h。捞出种子后用 0.5%高锰酸钾溶液消毒 3h，用清水冲洗 2~3 遍，控干，将 1 份种子混 3 份湿沙均匀搅拌。放置在温暖向阳，背风的地方，保持种温 20℃左右，盖上湿草片，保持适宜湿度，催芽 3~4d，每天用温水喷洒种子，并翻动 1~2 次，防止雨淋。待种咧嘴露白时即可播种。肥水浸种催芽法即用 6%的尿水或草木灰浸泡 6~8h 后播种。

③播种：根据气候条件决定播种时间，北方以土壤解冻后为宜。播前一天，浇透底水，然后用五氯硝基苯和代森锌各 1 份，每亩 10g 兑水搅匀喷洒床面，进行土壤消毒。第二天开沟条播，沟深 3~4cm，宽 8~10cm，行距 18~20cm。每亩播种量 15kg 左右，开沟后趟平沟底，均匀的将种子撒入沟中，边播种边覆盖，覆土 1~1.5cm。浇足水，及时用草帘覆盖，保持土壤湿润，待幼苗有 60%出土后，撤除草帘。

（2）插条育苗　选择强壮枝条，剪取 15cm 长，插入土中 7~8cm，株距 8~10cm，行距 20~25cm，保持土壤湿润，搭遮阴棚，约一周后有新根生长，芽苞萌动，说明插条成活。

3. 苗期管理

（1）间苗疏苗　苗木出齐后疏苗，幼苗高 3~5cm 时，去掉病虫害苗、细弱苗和密集的双株苗。苗高 6~8cm 时，第二次间苗，去密留稀，以利于通风透光，促进幼苗生长发育。

（2）浇水　紫穗槐出苗前如床土干旱，要及时适量浇水，切忌浇蒙头水。每次间苗后要及时浇水，以防苗根透风。床土不易过湿，以免造成幼苗徒长或发生病害。幼苗生长初期，要使表层床土经常保持湿润。从苗木速生期一直到速生末期，苗木生长速度快，需水量多，可少次多量灌溉。苗木生长后期，为防止苗木贪青徒长，应停止浇水。

（3）追肥　幼苗出土后到初生期，喷施 1~2 次大肥宝，浓度为 0.1%。在苗木速生期适当追施 1~2 次尿素 10kg/亩和适量的磷、钾肥。苗木生长后期，停止追肥。在苗木生长高峰，每半年进行根外喷肥，如尿素、磷酸二氢钾，配水均匀喷洒于叶面，时间以阴天傍晚最佳。

（4）中耕除草　幼苗出齐后，及时松土除草。苗木生长期，全年中耕除草3~4次，防止杂草与苗木争夺水分和养分。

4. 造林地整地

选择造林地，随后整地，结合整地每亩施腐熟厩肥 500~750kg，过磷酸钙和钙镁磷肥 15~20kg，翻耕入土做基肥，耕深约 30cm。

5. 定植

春季育苗的植株高 1m 左右时，当年冬季前或次年春移栽。起苗前在离地表 15cm 处剪断（剪下的粗壮枝可做插条）。起苗时，要注意保护根系，并随起随栽。紫穗槐造林密度应视选林目的和水土条件而定，如每年采割作绿肥、饲料等，或水土条件差，可密些，一般每亩栽植 300~400 株；以固沙护土为目的，可密到每亩 1 000 余株。为了提高植树成活率，促其萌蘖，可在根颈以上10~15cm 处截去，促进枝条多发快长。

6. 抚育管理

紫穗槐的抚育管理要求不严格。造林后，一般每年幼林除草松土 1~2 次，隔年割一次。以收割绿肥等为目的的紫穗槐林，在造林的第一年平茬后，可适当在行间种粮间作，促发幼株生长，第二、第三年，要在平茬的同时适时培土，以扩大根盘，多萌枝条。土壤贫瘠的山地，第一次平茬后，暂停一、二年割条和翻地。在风蚀沙荒地上的造林，要保留 50% 以上不平茬，以留作防护林带，实行隔行隔带的轮割，而保林地可保留 100% 不平茬。丘陵山坡的林地，应沿水平等高方向，进行隔带采条平茬。

7. 病虫害防治

紫穗槐茎叶内含一种特殊气味的物质，能抑虫驱虫。苗木稍受金龟子和象鼻虫为害，一般用 90% 的敌百虫或 50% 马拉松乳剂 500 倍液毒杀即可。

8. 压根多发

在春季选择较粗壮根进行压根育苗，可培土促其生根萌芽，压根即为苗木新株。

9. 收获

两年以上的紫穗槐每年可收割 2~3 次，第一次 5 月中旬收割，第二次 7—8 月采叶子，不宜采尽，第三次到秋天割条。当年的新生条不宜收种，因紫穗槐的一年生枝条很少开花结实，只有连续两年以上的条才能生长粗壮且结籽多。为了采种，必须选留母株，每墩选留枝条 20~30 个，第一年不收割，第二年秋采种。如管理得好，每亩产荚果 100~150kg。收获的种子要及时晒干、储藏。

碱　茅

碱茅，禾本科，碱茅属，多年生草本植物。

经济价值：碱茅具饲用价值，是家畜喜食的优良牧草。

适应性：碱茅主要生长在海拔 200~3 000m 的轻度盐碱性湿润草地、田边、水溪、河谷、低草甸盐化沙地，抗性强，对环境要求不严。

栽培技术要点：

1. 选地

应选择地势较平，连片分布，雨季有短期积水的盐碱地，尽可能选地势低洼、平坦、浇水方便的地块。要求雨季浅层积水不能超过 7d 以上。为防止积水内涝，应挖筑排水沟，使多余水分排出。

2. 整地

整地要细致，盐碱地要结合翻耙压，尽量使地面平整。播种前 10~15d 深翻 10~20cm，用重耙碎土，拖平，再轻耙 1~2 遍，达到地面平整，细碎。如果土层不够坚实，也可用重型圆盘耙纵横交叉耙、松土，然后用轻型耙作业并拖平。结合土地耕翻，每亩施入有机肥料 1~1.5t 作底肥。

3. 播种

（1）播种时期　碱茅从 4—10 月均可播种，但以早春播种为宜。旱作栽培应在雨季到来前或雨季中播种。为了满足种子发芽所需的低温和昼夜温差大的条件，也可晚秋或临冬播种，第 2 年春季出苗，也称寄子播种。

（2）播种量与播种深度　碱茅种子生命力强，第一次降水不出苗，再待以后降水，甚至当年不出苗，第二年仍然可以正常出苗。但因碱茅的种子细小，千粒重仅 0.14g，为了留有余地，播种量 1.6~2kg/亩为宜，播种深度为 0.5cm 以下至种子不露出地面上为准。

（3）播种方法　碱茅的种植采用条播，大面积种植碱茅可用 24 行或 48 行条播机播种，行距30cm。为防止播种过深，对于新翻耙的土地，土质较松软的可先用镇压器镇压一遍，然后再播种。小面积播种或缺乏机器设备时，可人工撒播。为使种子撒落均匀，可掺入3~5倍的细沙土，播种后浅耢覆土，以防种子覆盖不严，可使细小种子与土壤紧密结合，便于吸收水分。

4. 田间管理

播种后10d出苗，但幼苗细弱，既不抗旱又不耐杂草，应加强田间管理，杜绝家畜践踏和采食。播种第1~2年禁用，第三年可开始刈割或放牧利用。秋季杂草以碱蓬为主，可在幼苗期用2,4D-丁酯喷洒除草。

由于碱茅抗盐碱能力极强，生长第二年即成为优势种，田间管理主要是灌水和施肥，4月初灌返青水，10月底灌越冬水，在生长季节视碱茅的生长状况和天气状况灌水。施肥结合灌水进行，可施尿素8~10kg/亩。为提高产量和品质，一般在分蘖期和抽穗期以及刈割后，进行灌水和施肥。

5. 放牧、刈割与采收

（1）采种　碱茅种子产量较低，每亩只有40~50kg，且种子细小，千粒重仅0.134g。当种子由黄变褐色时应及时采收，以防落粒，造成损失。

（2）刈割青饲　应在抽穗期刈割，为保证收获质量，应选择晴天在短时间内适时刈割完毕，留茬高度3~4cm，以利再生。收割的草可运回厩舍，切碎或整株直接饲喂家畜。

（3）干草晒制　应选择旱季的晴天进行。刈割后就地平摊晾晒1d，叶片凋萎，含水量降为40%~50%时，集成高约1m的小堆，再经过2~3d的风干，干草含水量降至20%~25%时，可以运回堆垛储存。堆垛后应特别注意不要被雨水渗透，以免干草腐烂变质。

（4）放牧利用　播种后1~2年生长缓慢，长势较弱，最好不要放牧。从第3年开始放牧，这时已形成紧密的草皮不怕牲畜践踏。放牧应注意适度，不要过牧，最好建立围栏，有计划地轮牧，以利再生和草地的持久利用。

能源植物

文冠果

文冠果，无患子科，文冠果属，落叶灌木或小乔木。

经济价值：文冠果是一种能源与生态植物，是我国北方最重要的能源林树种，也是我国特有珍贵木本油料植物，具有较高的经济价值及开发潜力，是绿化荒山荒坡及规模性开发生物柴油项目的首选树种。

适应性：文冠果适应性较强，耐轻中度盐碱。

栽培技术要点：

1. 育苗技术

文冠果苗木繁育常用的有 3 种方式：播种育苗、分株育苗、根插繁殖。以播种育苗为主。

（1）育苗地的选择　选择地势平坦，土质肥沃，土层深厚，灌水方便，排水良好的沙土壤，不宜选择地下水位过高的地块或重茬地。

（2）整地、施肥、坐床（垄）　育苗前一年秋季将圃地深翻 25cm，早春浅翻并碎土，全面施腐熟农家肥 3 000kg/亩，耙平、做成高床，床高 20cm，宽 100~110cm，作垄宽 65~70cm。

（3）种子催芽处理　采用湿沙埋藏法，在土壤将要封冻前，选背风、向阳、排水良好的地方，挖深 1m 的平地坑，长宽可根据种子数量而定。将种子浸泡消毒后与 2~3 倍湿沙拌匀，湿度以 60% 为宜，放入坑内，堆积厚度为 60~70cm，立上草把通气，用湿沙填满，再培土略高于地面。翌年播种前 10~15d 取出，将湿沙内种子筛出，放到背风向阳小平坑内摊开，一般厚度 20~30cm，进行日晒升温，自然催芽。每天翻动 3~4 次，适时喷洒少量的水保持湿度，晚间堆积并盖上草帘。当种子有 1/3 裂嘴时，即可播种。

（4）播种　春播在 4 月中下旬至 5 月初进行。播种前 5~7d，苗床（垄）灌足底水，待水下渗微干后，顺苗床（垄）开沟，沟深 3~5cm，沟距 15cm，将种子摆放沟内，每隔 6~7cm 放一粒，种脐要平放，覆土厚度 2~3cm，并且用水缓浇床（垄）面，使种子与土壤接触紧密。

（5）苗期管理 一般播后 20d 内苗木出齐。苗木生长期间要及时松土，除草，追肥，灌水，间苗定苗，进行病虫害防治。第一次松土不要过深，避免碰伤嫩苗，定苗后保持苗距 9~12cm，每亩产苗 1.5 万~2 万株。

（6）苗木越冬与假植 文冠果的幼苗生长迅速，当年播种苗平均高 50~70cm，地径 0.7~0.9cm，主根长 50~70cm，顶芽饱满，木质化良好，可达到出圃标准。掘苗前要灌水，掘苗时要特别注意保护好苗根。文冠果根系脆弱，易伤、易折，又易失水干枯，掘苗后要立即假植或入窖储藏越冬。留圃越冬的苗木，要在土壤封冻前灌一次封冻水。

2. 造林技术

（1）造林地的选择及整地 造林地应选择土层深厚，背风向阳排水良好的沙壤土，pH 值 7.5~8.0 为宜。造林前一年秋季整地，分为全面整地，带状整地，穴状整地三种方式。全面整地适合地势平坦、土层深厚、杂草多及土壤黏重的地块，运用机械全面深翻 25cm；带状整地适用于平缓的丘陵和易风蚀的地方，整地带宽 2cm，带距根据行距而定，可沿等高线进行；穴状整地适用于低洼坡地、山地，采用穴状或鱼鳞坑整地，穴径 50cm，深 50cm。

（2）合理密植 适当密植，具体根据立地条件而定。土质肥沃，有灌溉条件的可稀植；土壤瘠薄，无灌溉条件的，可适当密植。一般株行距为 2m×3m，每亩定植 111 株。

（3）适时栽植 文冠果可秋、春两季栽植，以秋季落叶时（10 月下旬）栽植为好，特别是大面积栽植且不具备浇水条件的山区与丘陵地带。栽植时根系过长应截根，做到不窝根、不吊苗、不露根，扶正踏实。有条件的地方栽后应及时浇水，确保成活。春季栽植要趁早。

（4）抚育管理 在文冠果栽植后要及时抚育，松土除草。在开花前，施尿素 50g/株、过磷酸钙 100g/株。花期喷洒萘乙酸钠。开花前，结合施基肥进行春灌，可避免落花落果。入冬前进行冬灌，有利于保墒。合理进行整形修剪。

3. 主要病虫害防治技术

根腐线虫病可用 90% 敌百虫 1∶1 000 倍液于近根处灌注。黑绒金龟子可用敌敌畏乳剂 500~1 000 倍液喷杀成虫。

4. 适时采收

收获鲜果的，可在种仁内含物变浊、已成半乳状时采收出售，种仁开始发涩不能再采。作为油料，须等果皮变黄、种皮变黑，种子完全成熟时采收，采回后日晒开裂，待含水量降到13%以下时，收储待售。晒种应在土地或席子上进行，不能在水泥地，石板上晾晒。

盐角草

盐角草，藜科，盐角草属，一年生草本植物。

经济价值：盐角草具有能源、饲用等多种用途。盐角草是生物柴油原料植物。干草含粗蛋白35%、粗脂肪6%、粗纤维5%，种子含油30%，可代替鱼粉养鱼。盐角草提取物可作为美容产品的主要成分，含有必需氨基酸，保湿效果好。盐角草还可以作为防火材料，制成防火板。

适应性：盐角草是迄今为止全世界报道的，最耐盐碱的高等陆生植物，在重盐碱地可以广泛种植，能够忍耐8%以上的盐分胁迫。

栽培技术要点：

1. 采集种子

选择生长健壮的植株，在10月采集胞果，时间不能过晚，否则种子容易脱落。种子采集后，晒干贮藏。可以在当年或翌年春天播种。

2. 选地

选择重盐碱地或盐碱滩涂地，平整土地。

3. 播种

选择野生盐角草优良种子，如果有果皮包被，种子播种量为10g/m² 左右；如果去掉果皮，播种量为5g/m² 左右。由于种子细小，为防止撒种过多，可掺入细沙。

4. 生育期管理

盐角草本身适于盐碱地生长，所以不用特别管理。播种10d左右种子开始萌发，20d左右幼苗基本出齐。待幼苗长至15cm左右，开始间苗，间除的嫩苗可作为新鲜蔬菜和深加工蔬菜原料。苗期施用以氮肥为主的肥料1~2次，使幼苗苗壮生长。开花后，可适当施磷钾肥，促使开花结果，提高结实率。湿润地区基本不用浇水，地势高的地方，可以适当灌溉。

5. 采收

果实成熟后，种子在开裂脱落之前收获。收获时，将植株从茎基部割断，晾晒后，脱粒即可。收割和晾晒期间注意落粒的收集。

编织植物

杞　柳

杞柳，杨柳科，柳属，落叶丛生多年生灌木，又名柳条、棉柳、簸箕柳、笆斗柳、红皮柳等。

经济价值：杞柳发条率高，柳条细而长，富有韧性，是较好的编织材料。

适应性：杞柳喜光照，属阳性树种，喜肥水，抗雨涝，耐轻度盐碱（<0.3%）。

栽培技术要点：

1. 繁殖

（1）种条直栽

①春季种条直栽：于秋季，选择生长发育良好、腋芽饱满、粗 1cm 左右、无病虫、健壮的柳条作种条。种条收割后绑成捆，在背风向阳、排水较好的土地上挖深 50cm、宽 50cm 的贮藏沟，长度依条长而定，种条放入沟内后，上盖 20cm 厚的细沙，并盖严踏实。春季解冻后扦插种植。

②雨季种条直栽：主要在每年 7 月中下旬至 8 月上旬，宜在大雨过后连阴天，选择一年生、木质化程度好、芽饱满、无病虫害、茎粗 1cm 左右的条子扦插种植。扦插前，将条子剪成 20~25cm 长的枝段，剪口不能劈裂，上口剪成平口，下边剪成马耳形，剪口下第一个芽距剪口不要太近。将枝条上的叶片撸去，随剪随扦插，要使第一个芽微露出地面，插后要随即踏实保墒。

（2）扦插育苗移栽

①整地做床：宜选择土层深厚湿润、土质疏松、背风向阳的沙壤土或壤土地块，以淤积湿润的河滩地最为适宜。用 0.5% 高锰酸钾溶液喷洒土壤表面进行消毒，将育苗地深翻 20~30cm，施有机肥 2t/亩、磷酸二铵 20~30kg/亩，耙平、耙细，然后将田面整平进行覆膜。

②种条选择：选择直径 5~10mm、一年生、充分木质化、健壮无病虫害的枝条截成 15~20cm 作插穗，上、下端分别剪成平口、马蹄状斜口。然后用 50mg/kg 生根粉溶液浸泡 12~24h，或用 50mg/kg 萘乙酸液处理 15~20h，还可

以用清水浸泡 2~3d，每天换 1 次水。

③扦插：宜在新叶尚未萌动前（3 月下旬至 4 月上旬）扦插，株行距 5cm×
10cm，深度为枝条长度的 3/4。扦插后覆土 1cm 左右，立即浇 1 次透水，以使
插条与土壤接触紧密。

2. 移栽地选择与整地施肥

应选择沙壤土、河滩地以及近水的沟渠边坡等肥沃的地方种植。可实行条
粮间作和边坡种植。条粮间作是在农田里每隔 20~30m（即带间距）种一杞柳
带，按穴种植，每穴插条 3~4 根。边坡栽植，是在靠近水源的河道、沟渠、堤
岸道路旁边坡上进行栽植，这些地方土层深厚，一般条子可长达 2.5~3m 以
上，一墩产条 5~10kg。春季在土地解冻后，将扦插地深翻 20~30cm，亩施优
质圈肥 3 000~4 000kg、过磷酸钙 50kg、碳铵 75kg、硫酸钾 20kg 或相应养分含
量的复合肥，耕后耙平、耙细，然后整畦，畦埂宽 45cm，畦内行距 35cm，畦
长依地块长度和种条量而定，一般以 30cm 为宜。

3. 扦插或移栽

以春季土壤解冻或秋季封冻前栽植最好。移栽前挖出冬季留条，或剪下鲜
条，将其剪成长 13~15cm 的条段，要求剪口光滑平整，皮不破裂。按株行距
10cm×35cm 的规格进行扦插，直插，斜插均可，但最好直插，切忌倒插。插条
要露出地面 3cm 左右，以露出 1~2 个芽为宜，扦插密度为每亩 1.8 万~2 万株。
扦插后立即浇水。之后，要加强田间管理。

也可进行移栽，将育好的幼苗，带土挖出，露出 1~2 个芽，采用穴植，每
穴 2 株。深埋，少露，埋实。

4. 管理措施

（1）水肥管理　插穗后应立即漫灌 1 次，当 20cm 地温稳定通过 15℃以上
时，即可定期灌溉。夏季墒情不足时，要及时浇水。雨季注意排涝。除整地时
底施农家肥外，还要在 5—6 月、8—9 月各追施肥料 1 次。

（2）松土除草　苗期，要及时进行松土除草。除草可采用手工拔除，或用
克芜踪水剂 200~300ml/亩兑水 25kg/亩定向喷雾。

（3）抹芽、拿杈　当年生杞柳条，在 5 月下旬至 6 月上旬开始长杈，要在

其木质化前进行打杈。一般随出随打，打杈时要横向将杈掰出，切勿将杈向下随叶掰掉，以免条身撕裂，出现疤痕。

（4）平茬、养茬　杞柳栽植当年不进行平茬，保留 2~3 根条子，以扩展丛冠，其余条子除掉。第 2 年到第 3 年，保留 3~4 根条。三年后，每年在立冬前后将杞柳条齐地面割条 1~2 次，留茬不宜太高。削茬一般在冬季进行，为了保持削口光滑，要用锋利的刨锛齐地面锛掉，以利于来年萌发，恢复长势，提高柳条质量。杞柳条经过几年连续割条，会影响长势，每隔 7~8 年必须削茬一次，用斧头将老茬齐地面削平，以恢复长势和提高条子质量。

（5）病虫害防治　黄疸病可喷洒波尔多液，或在早晨带露水撒草木灰。白粉病可用 15% 三唑酮可湿性粉剂 3 000 倍液，或甲基托布津 1 000 倍液喷防。锈病发病前可喷洒 240~360 倍的波尔多液，发病期可喷洒 200 倍的敌锈钠，每 10d 喷 1 次。蚜虫可用乐果喷杀卷叶虫、柳兰金花虫可用 1605、敌敌畏等药剂喷杀。金龟子可喷洒敌百虫 800~1 000 倍液进行防治。小象鼻虫可喷洒西维西 400~500 倍液防治。

5. 采收利用

杞柳可在伏、秋季收割两次。收割早了影响柳条的韧性，收割晚了则脱不掉皮，都会影响编制工艺质量。一般在 7 月下旬至 8 月上旬晴朗天气进行收割。随割条随剥皮，剥皮前要准备用木棍做成的夹子，先把枝条下头剥开一点皮，放在夹子里，然后由粗头向细头抽拉，得白条。剥后及时晒干，晒干后的枝条按粗细分级成捆，贮藏。贮藏期间严防烟熏、受潮，以免枝条发霉变色。

园林观赏与生态植物

蜀 葵

蜀葵，锦葵科，蜀葵属，多年生草本植物，又称一丈红、大蜀季、戎葵、熟季花、棋盘花、端午锦等。

经济价值：蜀葵具有园林观赏、色素、纤维、药用等价值。蜀葵花色丰富、花朵硕大，花期长，在园林中广为应用，常于建筑物前列植或丛植，还可用于篱边绿化及盆栽观赏。花瓣中的紫色素易溶于酒精及热水中，可用作食品及饮料的着色剂。茎皮纤维可代麻用，全草入药有清热凉血的功效。

适应性：蜀葵喜阳光充足，耐寒、耐半阴，但忌涝。耐盐碱能力强，在含盐0.6%、pH值为8.9的盐碱的土壤中仍能生长，对土质要求不严。

栽培技术要点：

1. 选地整地

选择疏松肥沃，排水良好，富含有机质的土壤，壤土、轻黏土和沙土均可，沙质土壤更佳。选好地后，精细整地。

2. 播种或定植

（1）直播　南方一般秋播，第二年春季开花。北方通常春播，当年不开花。播种前浸种20~24h，种子上覆土1cm，压实、浇透水，以后每天喷水保持表土湿润，在白天最高气温25℃以上的情况下，3~5d即可出苗，出苗后控制浇水。直接播种只需间拔弱苗，不需移植。蜀葵种子的发芽力可保持4年，但播种苗2~3年后就出现生长衰退现象，故可作2年生栽培。

（2）移栽

①育苗

播种育苗：蜀葵播种繁殖可秋播，也可春播。南方地区以秋播为好，北方地区以春播为好。苗床处应阳光充足，且排水良好。播种后覆土0.5cm，用脚轻踩后立即用浸灌法浇一次透水，10d左右可出苗。

分株育苗：分株繁殖在园林中应用较多，在秋末及早春萌发前均可。将蜀葵丛生根挖起，将根基抽生的枝条带根分割下来，用利刀切开，每丛带 3~5 个芽，种植于施有圈肥的栽植穴中，回填土后立即浇水。

扦插育苗：扦插繁殖在 9 月上旬进行，选择植株基部的长芽，割取下来插于半阴处养护，经 3 周可生根，当年可定植于露地。

②移栽定植：幼苗出 3~4 枚真叶后，可进行移植。移植株行距为 10cm×10cm，移植起苗前需将幼苗的直根剪去一部分，以促进多生侧根，入冬前于苗株上铺满一层牛马粪，以使其安全越冬，来年春天可进行移栽定植，当年开花。移栽后应适时浇水，缓苗后控制浇水，进行炼苗，预防开花后期倒伏。

3. 花期管理

开花前结合中耕除草追肥 1~2 次，以磷、钾肥为好。为延长花期，花期应保持充足的水分。花后及时将地上部分剪掉，还可萌发新芽。栽植 3~4 年后，植株易衰老，应及时更新。另外，蜀葵易杂交，为保持品种的纯度，不同品种应保持一定的距离间隔。

4. 松土除草

整个生长期应经常松土、除草，以利于植株生长健壮。

5. 水肥管理

幼苗生长期应施液肥，注意除草、松土，促使植株健壮生长。叶腋形成芽后，要追施磷、钾肥。进入开花期后，每月追施一次磷酸二氢钾，可使植株花大色艳，着花量增多，并能延长花期，防止植株倒状。秋末施用腐熟牛马粪，利于植株安全越冬。对于新分栽的植株，如当年长势不佳，可于 5 月初给植株喷施一次 0.5% 尿素溶液。

蜀葵喜湿润环境，每年从早春 3 月起开始给其灌水，第一水宜在 3 月初浇灌，浇足浇透，可及时供给植株萌动所需水分。此后，可每 20d 浇一次水，直至 6 月中下旬。进入雨季后，如雨水较为丰沛且分布较均匀，则不必另外浇水；如果降水较少、天气干旱，则应适当浇水。秋末应浇足、浇透防冻水。

6. 修剪方法

蜀葵虽然是草本植物，但由于植株较高，且花期长，适当修剪可有效提高观赏效果。对蜀葵修剪可分为疏剪和短截。疏剪在早春其萌芽后、植株高25cm左右时进行，将萌发过多的枝茎进行疏除，以使整个植株通风透光，枝茎分布均匀。短截一般在春季花茎抽生后进行，可促使枝茎分枝，还可使其矮化。

7. 病虫害防治

白斑病可及时将病叶摘除，使植株保持通风透光；发病初期，可用75%百菌清可湿性颗粒800倍液，或50%多菌灵可湿性颗粒500倍液，或70%甲基托布津可湿性颗粒1 200倍液喷雾进行防治，每10d喷1次，连续喷3~4次。褐斑病及时清理病叶；雨天注意及时排水；发病初期可用75%百菌清可湿性颗粒800倍液，或50%多菌灵可湿性颗粒500倍液，或70%代森锰锌可湿性颗粒800倍液进行喷雾，每10d喷1次，连喷3~4次。轮纹病发病初期喷洒50%多菌灵600~1 000倍液防治。

蜀葵的虫害，常见的有棉蚜、棉卷叶野螟、大造桥虫、烟实夜蛾、红蜘蛛、斜纹贪夜蛾、小造桥虫、无斑弧丽金龟子、小地老虎等。如有发生，在虫害较少时可人工杀除，利用害虫的天敌杀灭，或采取黑光灯诱杀成虫。害虫较多时，可在棉蚜越冬刚孵化和秋季蚜虫产卵前喷施10%吡虫啉可湿性颗粒2 000倍液进行防治；在棉卷叶野螟幼虫发生严重时，可喷施25%高渗苯氧威可湿性颗粒300倍液进行喷杀；大造桥幼虫盛发期，喷洒20%除虫脲悬液浮剂7 000倍液进行喷杀；烟实夜蛾3龄幼虫期，可喷洒48%乐斯本乳油1 500倍液或20%除虫脲悬液浮剂7 000倍液进行灭杀；小造桥幼虫发生时，可喷洒20%除虫脲悬液浮剂7 000倍液进行杀灭；无斑弧丽金龟子发生时，可喷洒3%高渗苯氧威乳油2 000倍液进行杀灭；小地老虎发生时，在幼虫初孵期喷3%高渗苯氧威乳油3 000倍液进行防治，成虫可用糖醋液诱杀。

8. 采收种子

果实黄熟时立即采收，以免种子脱落。

9. 植株更新

蜀葵植株容易衰老，栽培4年左右应更新。

万寿菊

万寿菊，菊科，万寿菊属，一年生草本植物。

经济价值：万寿菊具有园林观赏、色素、食用、药用等价值。万寿菊是一种常见的园林绿化花卉，花大、花期长。花朵可提炼食用色素，也可直接食用。根可入药，解毒消肿。

适应性：万寿菊为喜光性植物，对土壤要求不严，耐轻度盐碱，最适宜在肥沃、排水良好的沙质壤土栽培。

栽培技术要点：

1. 选地

选择排灌条件良好，熟化土层深厚，土壤肥沃，春季播前 0~20cm 土层全盐含量为 0.2%~0.6%，土壤 pH 值为 8.00~9.50 的沙质土壤。万寿菊对茬口要求不严格，菜地、瓜地、小麦、玉米、豆类、马铃薯等茬口均可种植，但不宜连作。

2. 播前整地施肥

前作收获后要及时深耕犁地，灌足冬水，次年春季，耙耱保墒、平整地面。结合整地每亩施入优质有机肥 5 000kg 以上，磷酸二铵 25kg，尿素、氯化钾肥各 10kg 做基肥。有机肥可在冬灌前结合犁地一次性施入，磷酸二铵、尿素、氯化钾肥可在起垄前施入。

3. 起垄

起垄种植，垄面宽 80cm，垄沟 60cm，垄高 20~23cm，每垄种 2 行，垄起好后垄面用石条碡镇压 1 遍，垄边用锹整理平整，便于打穴和覆盖地膜。为防治地下害虫和苗期病害，起垄前每亩撒施 1.5% 乐果粉 1.5~2kg，或敌百虫粉 2kg，50% 代森锰锌 1kg。

4. 播种

播种前精选种子，除去秕粒、杂草籽，种子要求外观饱满，色泽光亮，发芽率在90%以上，每亩地需种量40~50g。

万寿菊的幼苗不耐霜冻，种子发芽要求20~25℃的土壤温度，播期不宜过早。播种适期的温度指标是外界日平均气温稳定在15℃以上，10cm地温稳定在10℃以上。采用直径10cm左右的打孔器在垄面距垄边15cm处两边各打穴1行，穴距30~33cm，穴深6~7cm，将打穴带出的泥土放在垄沟中，穴孔打好后每穴浇水0.3kg左右，待水下渗后，每穴播种4~5粒，种子播入后覆厚度0.5~0.7cm土。播种后及时覆盖幅宽120cm的地膜，在垄边开沟将地膜绷紧压入沟内用土埋住。

5. 苗期管理

（1）放风　万寿菊一般播种后5~6d即可出苗。当苗高4~5cm时，种植穴内温度在晴天中午可达30℃以上，易使幼苗灼伤或徒长而形成弱苗，因此应及时把穴上的地膜戳一"十"字形小洞进行通风练苗。

（2）放苗　幼苗放出膜外不能太早，一般应在晚霜结束后、苗顶膜时，将地膜破开把苗放出生长，并注意用土将幼苗四周地膜洞口封严。

（3）间苗、定苗、补苗　当万寿菊苗有2~3片真叶时进行第一次间苗，间去弱苗、小苗，每穴留2~3株，间苗时将附近杂草拔除。4~5片真叶时进行定苗。如遇穴内缺苗，应及时进行补苗。

6. 成株期管理

（1）根部培土　当苗高25~30cm，从垄沟中取土培于万寿菊植株根基部促发不定根，稳固植株。

（2）灌水追肥　一般在5月下旬顺垄沟灌第一水，水量以垄沟灌满为宜；第二水在6月中旬结合追肥，每亩顺垄沟撒施尿素10~15kg；第三水在7月上旬田间已开始采收花朵时进行，并结合追施第二次肥料，每亩顺垄沟再追施尿素10~15kg；"白露"后再灌水1次，水量不宜过大。

7. 病虫害防治

万寿菊苗期病害主要有根腐病和枯萎病。防治方法是除了进行土壤消毒外，发病后可用50%多菌灵可湿性粉剂800倍液或70%代森锰锌500倍液或50%甲基托布津可湿性粉剂500倍液灌根，每株灌药液0.3kg。苗期虫害主要有地老虎、蛴螬、蝼蛄等，除在播种前土壤施用杀虫剂防治外，可用乐果1 000倍液灌根灭除。万寿菊在成株期虫害主要是红蜘蛛，可用1.8%农克螨乳油或20%灭扫利乳油或20%螨克乳油2 000倍液喷雾防治。病害主要有枯萎病和晚疫病，在发生时可用25%可湿性瑞毒霉粉剂800倍液或58%可湿性甲霜灵锰锌500倍液进行防治。

8. 采收

万寿菊以采收充分开放的鲜花为主。花朵一般由里向外逐渐开放，待花瓣全部开放后即可连同花托一起用手摘下交售。

醉鱼草

醉鱼草，马钱科，醉鱼草属，灌木。

经济价值：醉鱼草是一种园林观赏植物，也可做药用。花芳香而美丽，为公园常见优良观赏植物。花、叶及根供药用，有祛风除湿、止咳化痰、散瘀之功效。全株可用作农药，专杀小麦吸浆虫、蝇虫及孑孓等。

适应性：醉鱼草的适应性强，耐土壤瘠薄，抗盐碱，在土壤通透性较好的壤土、沙壤土、沙土、砾石土等生长良好。在土壤 pH 值为 9 以下，含盐量 0.3% 以下可正常生长开花。抗逆性强，耐严寒酷暑，节水耐旱。

栽培技术要点：

1. 选地整地

选择土壤疏松、通透性好的地块，精细整地。结合整地施入腐熟农家肥做基肥。同时，为防治病虫害，每亩施入辛硫磷颗粒 3~4kg 和硫酸亚铁 50kg。

2. 扦插育苗

醉鱼草的扦插可在春季进行，以 5 月、6 月生长季节的嫩枝扦插为好，也可用休眠枝作插穗。此外，还可以分株结合移植。扦插前先搭好遮阴棚，插床内的河沙用高锰酸钾或多菌灵消毒，采用半木质化枝条剪成 10cm 长一段，将下部叶片全部去掉，上部的 2~3 片叶剪去 2/3。上剪口距芽 1cm 平剪，下剪口在芽背面斜剪成马蹄形。用木片把河沙划开一道深 5cm 的沟，将蘸过生根剂的插穗摆放整齐后覆沙，拍实、喷水。扦插密度以叶片互不接触、分布均匀为宜。整畦插完后再喷一遍透水，然后搭拱棚盖塑料膜。

在生根前每天喷水 2 次，以便降温保湿，保持棚内温度 28℃ 左右，相对湿度 90% 以上。生根后控制水分，注意通风，根据生根情况，揭去拱棚。炼苗一周后移栽。

3. 移栽定植

用扦插生根后的芽苗裸根移栽，快运快栽，栽完一畦赶快灌水。株行距以

35cm×50cm 为宜。移栽完毕，用遮阳网覆盖小苗 2~3d，撤去遮阳网再浇一次透水，等地面稍干时浅锄。

4. 栽培管理

醉鱼草极耐干旱，在年降水量 180~400mm 的地区每年灌溉 3~4 次，400mm 左右地区每年灌水 1~2 次，即可生长开花。生长期管理粗放，不需防寒等越冬保护措施；病虫害少，发枝力强，耐修剪，一般宜在花后进行修剪；极少施肥，栽培中可于休眠期剪除地上部，以利翌年抽发新枝，多开花。

白蜡树

白蜡树，木犀科，梣属，落叶乔木。

经济价值：白蜡树具有园林观赏、纤维、药用等价值。其形体端正，树干通直，枝叶繁茂而鲜绿，是优良的行道树、庭院树、公园树和遮阴树。材理通直，生长迅速，柔软坚韧，可供编制各种用具。树皮也作药用，主治疟疾、月经不调、小儿头疮等。

适应性：白蜡树属于阳性树种，喜光，对土壤的适应性较强，在酸性土、中性土及钙质土上均能生长，耐轻度盐碱，喜湿润、肥沃和沙壤质土壤。

栽培技术要点：

1. 育苗地选择

选择地势平坦、排灌良好、田间杂草少、土壤养分丰富、结构疏松、透气良好、pH 值为 7.5~8.0、含盐碱量小于 0.1% 的地块，以轻壤土为好。

2. 整地施肥

播前严格整地，结合整地施足基肥，一般每亩施腐熟农家肥 4 000~5 000 kg、二铵 25kg，将其拌匀撒到田间，深耕 30cm。在施农家肥时，每亩可在肥料中加施 2~3kg 的 5% 的辛硫磷颗粒剂，将药加入细土掺匀，撒入圃地，然后翻耕，消灭地下害虫。也可每亩施入 15~20kg 的硫酸亚铁，混入 20 倍细土，均匀撒入苗床，防治苗木立枯病。苗地按灌水方向作成 20m² 或 40m² 的畦田，深翻细耱，作床播种。

3. 育苗

（1）备种　采集种子后晒干去杂，装入麻袋，放在通风干燥的室内贮藏，干藏的种子发芽率可保持 3~5 年。

（2）播前种子处理　白蜡种子眠期长，春季播种必须先催芽，方法有低温层积催芽和快速高温催芽。低温层积催芽需选择地势较高、排水良好、背风背阴的地方挖沟，深度在冻土层以下，地下水位以上，沟宽80cm，沟的长度视种子的数量而定。白蜡种子与湿沙的比例为1∶2，先在沟底铺一层10cm厚的湿沙，再把种子与湿沙充分混合均匀，放入沟内，种沙厚度为50~70cm，离地面10cm加盖湿沙，然后覆土使顶呈屋脊状。每隔0.7~1m放一束秸秆，以利通气，一般处理时间为60~80d。快速高温催芽是将冬季未进行低温层积催芽的种子，用40℃的温水浸种，自然冷却后再浸泡2~3d，每天换水1次，捞出种子混以3倍的湿沙，放在温炕上催芽。温度宜保持在20~25℃，每天翻动，保持湿润，20d左右，露白种子达30%时即可播种。

（3）播种　条播，行距30cm，覆土1~2cm，切勿过厚。下种量10kg/亩左右。随开沟，随播种，随覆土镇压。

3. 苗期管理

在幼苗生长过程中，加强对幼苗的抚育管理。为调整苗木密度，进行间苗和补苗。白蜡种子育苗的圃地，一般间苗二次，第1次在苗木长出两对真叶时进行，第2次在苗木叶子互相重叠时进行。间苗应留优去劣，除去发育不良的、有病虫害的、有机械损伤的和过于密集的苗子。最好在雨后土壤湿润时进行。苗期要注意及时灌水、松土、除草、追肥。

4. 移栽定植

待3~4片真叶时，按8cm株距定苗。第二年春季移床，亩移植3 000~5 000株以培育壮苗。

5. 水肥管理

（1）施肥　以基肥为主，在苗木生长旺期应多施氮肥，磷、钾肥配合使用，苗木生长后期停施氮肥，多施钾肥。

（2）灌溉排水　在种子发芽期，床面要经常保持湿润，灌溉应少量多次；幼苗出齐后，子叶完全展开，进入旺盛生长期，灌溉量要多，次数要少，每5~7d灌溉1次，每次要浇透浇足。灌溉时间宜在早晚进行。秋季多雨时要及时排水。

（3）松土除草　本着"除早、除小、除了"的原则，及时拔除杂草，最好在雨后或灌溉后进行。进入生长盛期应进行松土，初期宜浅，后期稍深，以不伤根系为准。苗木硬化期，为促进苗木木质化，应停止松土除草。

6. 枝条修剪

选苗定干，挑选树干挺直、2~3 年生、胸径 3~4cm，且生长状态良好的白蜡苗，于早春进行植株截干，截干高度一般在 1.0~2.0m（丛式树形要从基部截干）。进入生长季节后，植株会从截干处萌生出 2~4 个主枝，主枝长至 10~15cm 时，进行短截，长出侧枝后，再短截侧枝，经过 3~4 次修剪，植株的树形就可接近球形。秋季落叶后，根据每个树形的具体情况，再进行 1~2 次的修整。

7. 病虫害防治

从冬耕、土壤消毒、种子消毒和田间管理等方面综合防治地下害虫。白蜡的主要病害是煤污病，主要害虫有卷叶虫和天牛，前者为害嫩叶，后者蛀食枝干。发现病虫害，及早防治。

红王子锦带

红王子锦带，忍冬科，锦带花属，落叶开张性灌木。

经济价值：红王子锦带花是优良的夏初开花灌木，花朵密集，花冠胭脂红色，艳丽夺目，花期长达一月之久，是一种优秀的园林观赏植物。

适应性：红王子锦带是阳性树种，耐庇荫，生态幅度大，抗性强，耐寒，稍耐盐碱和瘠薄土壤，喜疏松、肥沃、排水良好的土壤。

栽培技术要点：

1. 育苗

（1）育苗地选择　选择疏松肥沃、排灌方便、腐殖质丰富的沙质壤土，每亩施腐熟的有机肥 4~5t，并加适量的草土灰混匀，整平，耙细，做成宽 1~1.8m 的平床。苗床边沿要修人行过道，便于管理。干旱时，需要床内浇灌，待水下渗后才可播种。

（2）苗床消毒与翻土　苗床要进行消毒，选用高锰酸钾对 500 倍的清水，喷洒消毒。另外，可使用辛硫磷，除消灭虫害外，还可杀菌防病。也可采用日光暴晒消毒。消毒后翻土 20cm 以上。

（3）播种育苗　播种繁殖通常在 4 月下旬进行，可用于大量育苗。冷水浸种 2~3h 后，混入 2~3 倍的细沙，在背风向阳处催芽 6~7d 后即可播种。播种前浇足底水，种子和细沙混合撒于育床面，覆土 0.5cm 左右，保持湿润。

（4）扦插育苗　扦插繁殖可分为硬枝扦插和半木质化扦插两种。硬枝扦插常选用一年生成熟枝条，剪成 15~20cm 的插穗，在露地扦插。半木质化扦插一般在 6—7 月进行，在两年生的半木质化基部上，剪取 10cm 左右，一年生的淡红色枝条，作为插穗。准备好容器，倒入生根剂之后，再对入 100 倍的清水稀释，将插穗浸泡 10h 左右。浸泡的深度为植株的 1/2 长度，同时避免生根剂沾染叶面。阴雨天或者晴天的傍晚扦插。先用小锄头松一遍土，扦插深度为植株的 1/2，后用手将泥土轻轻压实。扦插时的规格为株距 2cm，行距 2cm。

（5）分株繁殖　在 4 月下旬，选择二年生以上的健壮植株，刨出后选择无病虫害的根，切成约 10cm 长的段，拌入草木灰，按行株距 30～40cm，开 6cm 深的穴，每穴平放一段，覆土要压实，保持土壤湿润，以利生根发芽。

2. 苗期管理

（1）保温措施　搭建保温棚，在苗床的边沿插入竹条，行距为 1m 左右，作成至少 1m 高的支架。随后在支架上覆盖密封性能良好的塑料薄膜。如果条件允许的话，也可再覆盖一层 80% 光照度的遮阳网。

（2）灌水　在保温棚搭建完成后，灌水一次，灌水量以达到与植株顶部持平为最佳。

（3）晾晒　第二年的 4 月下旬拆掉保温棚，让已经成活的植株晾晒 15d 左右，以适应外界的环境。

（4）间苗　苗床中苗高 3cm 时，可结合松土间苗，待苗高 10cm 时按株距 4～6cm 定苗。结合定苗，在缺苗处要及时带土补齐。

（5）除草及死苗拔除　苗期人工除草一次，同时拔除病死的植株。

（6）起苗　植株已经长出 10～15cm 的新枝，根部达 10cm 时，即达到起苗规格。先用铁锹在离植株 10cm 左右的位置，铲下 20cm 之后，连根带土平端到空地上，然后再将植株根部的泥土捏碎抖落。如果不能马上进行起苗的植株，要将抗旱保水剂对入 100 倍清水，稀释均匀之后，喷洒于苗床土壤上。起苗后不能马上用于扦插或准备长途运输的种苗，先将生根菌肥倒入 20 倍的清水之后，拌匀后倒入细土，搅成泥浆，浸湿种苗根部后，装入塑料袋中保存。

3. 栽植地选地整地

栽植地选择排灌良好，土层疏松的地块，以轻沙壤或沙壤为好。附近要有防风林。选完地后，用七氟菊酯进行消毒杀菌。消毒当天漫撒过磷酸钙 300kg/亩，翻土 20cm 以上，再用耙子整碎，整平。栽种地预留人行过道，大田附近挖灌溉水渠，深度要达到 25cm，宽度要在 40cm 以上，以备干旱使用。

4. 栽植

（1）栽植前根部处理　栽植前，先调配好生根菌肥 300 倍液，蘸湿根部。避免液体沾染叶面。

（2）栽植　宜于 5 月上旬至 6 月上旬栽植，选择阴雨天或者是晴天傍晚，用小锄头挖出栽植的穴位，深度为6~8cm，宽度10cm。将植株插植于穴中，深度5~7cm，将植株周边的土填平压实。栽植密度控制在株距25cm、行距35cm。每穴栽苗1株，栽后浇好定根水。扦插繁殖待生根后即可适时定植到绿化区内。

（3）栽植后管理　完成栽植后，马上灌水即可，以水位高出地面2cm为宜。在栽植后的20d左右，开始施肥。选用腐殖酸肥，每亩用量在25kg左右，可起到活化土壤，提高植株抗性的作用。在栽植的40d，判定成活植株，将死株挖出并补栽。

5. 幼树期管理

红王子锦带在栽植成活后到第二年的早春时节，属于幼树期管理阶段。

（1）水肥管理　幼苗较耐旱，严重干旱可适当浇水，但不宜多浇。花期可适当浇水，防止因水分不足而落花。雨季要注意排水，防止积水烂根。在6月中旬时，可以撒施有机质≥20%、氮磷钾≥18%的有机无机复混肥一次，用量每亩40kg。

（2）除草　勤锄草，做到锄早、锄小。6—7月除一次草，可以选择草甘膦500倍液，结合喷雾器喷洒；也可在晴天人工拔草。

（3）病虫害防治　红王子锦带属于抗病虫害植物，做好预防工作即可，在春夏秋三季的晴天里，喷施高锰酸钾500倍液4~5次，间隔期在45d左右。以达到杀菌防病的效果。

6. 成树期管理

（1）打顶剪枝　在2月下旬至3月上旬打顶，在新枝萌发前，剪掉至少15cm的顶枝，以利发枝。清墩时1株要选留2~3个健壮芽，其余除掉。5—6月后，植株生长进入旺季，且有花蕾出现，及时剪除生长过旺、无花芽的枝。

（2）施肥　在定植时施足基肥的情况下，从移栽后第2年开始每年追肥2~3次。夏季开花前在株旁开浅沟，施有机肥加适量的磷肥。打顶完成后，选阴雨天每亩撒施氮肥20kg；在8月中下旬，以磷、钾肥为主，以促进根部生长。

（3）花期管理　5月上旬开始进入花期，结出花蕾时，撒施过磷酸钙40kg/亩。6—7月盛花期时，雨天每亩撒施氮肥20kg。

（4）除草　6月杂草生长旺盛，采用草甘膦500倍液或者人工拔草的方式除草。

（5）病虫害防治　枝枯病应精心养护，增施有机肥，疏松改良土壤，雨后及时排水；在修剪时剪除带病枝条；喷洒40%多菌灵800倍液，或50%苯菌灵可湿性粉剂800~1 000倍液进行防治。虫害主要有银纹夜蛾、斜纹夜蛾等，要加强田间管理，在冬季清理田园，将残株落叶集中烧毁，消灭虫源；用90%敌百虫800倍液喷雾防治。

（6）冬前养护　冬前培土，保温越冬。

7. 成树移栽

当红王子锦带的株高达1.2m以上，除冬季外的其他三季，都可依据市场需求，进行出圃。首先，用铁锹在离植株根部10cm左右的距离，按等边三角形的形状，铲下25cm左右的深度，然后双手抓住根部位置往上拔起。根部土球直径在15cm左右。出土后的植株，用规格长35cm、宽35cm的无纺布将土球包住，然后扎紧。精心包装后上市。

刺　槐

刺槐，豆科，刺槐属，落叶乔木，又名洋槐。

经济价值：刺槐具有园林观赏、生态、木材、食用、药用等价值。刺槐树冠高大，叶色鲜绿，为传统的园林观赏植物，也是优良固沙保土树种。木材坚硬，耐腐蚀，宜作枕木、车辆、建筑、矿柱等多种用材。刺槐花可食用，也是优秀的蜜源植物。叶含粗蛋白，可做饲料；种子榨油供做肥皂及油漆原料。刺槐也可入药，有止血功效。

适应性：刺槐有一定的抗旱能力，不耐涝，喜土层深厚、肥沃、疏松、湿润的壤土、沙质壤土、沙土或黏壤土，在中性土、酸性土、含盐量在0.3%以下的盐碱土上都可正常生长，在积水、通气不良的黏土上生长不良。喜光，不耐阴，萌芽力和根蘖性都很强。

栽培技术要点：

1. 采种

刺槐荚果由绿色变为赤褐色，荚皮变硬呈干枯状，即为成熟，应适时采种，并经日晒、除去果皮、秕粒和杂物，取得纯净种子。

2. 育苗

（1）育苗地选地、整地和施肥

育苗地应选择地势较高、便于排灌的肥沃沙壤土为宜。土壤含盐量要在0.2%以下，地下水位大于1m，最好选用水浇地，或土质深厚、平坦的熟土地，不要选择涝洼地和土质瘠薄的山地。秋季整地施肥，春季耙耱保墒，5月上旬灌水。

（2）育苗

①播种育苗：刺槐种子皮厚而坚硬，播前必须催芽，即将种子倒入60~80℃的热水中，用木棒充分搅拌，5~10min后掺入凉水，使水温降到30~40℃为止，然后将浮在上面的杂质和坏种捞除，好种浸泡24h后捞出，稍干时筛去

未泡胀的硬粒种子。已吸水膨胀的种子放入笆箩内，盖上湿麻袋，放在向阳温暖处，每天用温水淘洗 2 次。4~5d 后待种子萌动时即可播种。

刺槐播种宜迟不宜早，"谷雨"节前后较好。畦床条播或大田式播种均可。一般采用大田式育苗，先将苗地耢平，再开沟条播，行距 30~40cm，沟深 1.0~1.5cm，沟底要平，深浅要一致，将种子均匀撒在沟内，及时覆土厚 1~2cm 并轻轻镇压，播种量 4~6kg/亩。

②根段催芽育苗：选择背风向阳、地势平整、排灌良好的苗圃温床，每亩施有机肥1 000kg，碳铵、过磷酸钙各 50kg。畦面南北向，宽 1.5m，长 12m 左右，畦埂宽 50cm，畦面与地面相平。选用优良品种茎粗度在 0.2~0.5cm 的一年生苗根，剪成 3~5cm 长的根段，放入湿沙内贮存备用。3月上旬，将根段均匀排放在挖好的温床畦内，每平方米 300~350 根，互不交叉重叠，播后喷足水，上覆 1cm 厚细土，随即搭拱棚并覆盖塑料薄膜，四周密封并挖好排水沟。床面温度保持在 20~25℃，15~20d 开始出芽。前期不宜喷水，气温升高后，应通风降温。苗芽出齐后可喷水保湿，并注意通风换气。苗高 5cm 以上时要晾畦、炼苗。从苗床到育苗地移栽前两天要全天揭膜，以使芽苗适应大田气候。

育苗地要求地面平整、排灌方便，移栽前每亩施有机肥1 000kg，碳铵、过磷酸钙各 50kg，全面机耕耙平后作宽 60cm 小高垄。4月底至 5月上旬，苗高 5~10cm 时移栽。由于根段发芽不整齐，芽苗应分批进行移栽，小苗或未发芽的根段可在温床内继续催芽。移栽时，先在畦内喷水，用小铲掘 5~8cm 深的直壁小坑，芽苗紧贴直壁植入，覆土后即浇水，每亩栽4 900株左右。

移栽后一周内每天浇水一次，以保成活。5月中旬幼苗成活后，每亩追施尿素 15kg 左右，6月中旬每亩再追施尿素 15~20kg。适时松土除草。芽苗返青活棵期及时喷氧化乐果乳剂 100 倍液，防止蚜虫为害幼苗；生长旺盛期再喷一次。

3. 育苗期田间管理

（1）灌水　6月初可以灌第 1 次水，以后在正常情况下每隔20d 灌水 1 次。7月上旬灌水后暂停一段时间，以提高苗木木质化程度、增强越冬能力，11月下旬最后灌 1 次冬水。

（2）追肥　定苗后，结合第 1 次灌水进行第 1 次追肥，施入尿素 3~5kg/亩，6月底结合灌水追施以氮、磷肥为主的复合肥 2 次，施肥量为 5~6.5kg/亩，8月初停止施肥。

（3）松土除草　育苗地要在灌水后或雨后及时中耕，保持疏松无草。

（4）防寒越冬　刺槐一至二年生苗易遭秋霜冻及春风干的为害，故一年生苗应在秋后挖出，进行秋季造林或越冬假植。

（5）出圃标准　确保出圃苗木高度在 2.5m 以上。

4. 造林地选择

丘陵山区造林地以阳坡、半阳坡中下部、低谷带为宜，最适生的造林地为具有壤质间层的河漫滩，在地表 40~80cm 以下有沙壤至黏壤土的粉沙地、细沙地，不适宜选择风口地、含盐量在 0.3% 以上的盐碱地、地下水位高于 0.5m 的低洼积水地、过于干旱的粗沙地、重黏土地等。

5. 造林

刺槐春、秋 2 季都能造林。造林方法因地而异，在冬、春季多风、比较干燥寒冷的地区，可在秋季或早春造林；在气候温暖湿润而风少的地方，可在春季造林。速生丰产林每亩可栽植 110~200 株；一般用材林可栽 220~330 株；水土保持林、薪炭林可栽 330 株以上。一般造林行距以 50cm×100cm 为宜，若苗木年限超过 4 年，株行距增大。造林多采用穴植，移植前剪去地上部分，并将劈裂损伤的根条剪掉。先将苗木根系蘸泥浆保湿后放入已挖好的栽植穴，扶正苗木，根系舒展，填土分层踏实。注意栽植不宜过深，一般栽植深度比苗木根颈高出 1~3cm，覆高 15~20cm 的小土堆埋住苗干，以保持苗木周围土壤湿度。

6. 幼林抚育管理

除了正常的除草松土、病虫害防治外，主要进行除蘖抹芽、修枝去梢等，培育壮直的主干，促使树干和树冠的形成。

7. 病虫害防治

刺槐受白蚁、叶蝉、蚧、槐蚜、金龟子、天牛、刺槐尺蛾、桑褐翅尺蛾、小皱蝽等多种害虫为害。发现虫害可用 40% 氧化乐果乳剂 1 500 倍液喷雾防治。立枯病在发病初，用 50% 的代森铵 300~400 倍液喷洒，灭菌保苗。

胡　杨

胡杨，杨柳科、杨属，落叶中型天然乔木，又名异叶杨、胡桐。

经济价值：胡杨具有园林观赏、生态、纤维、饲用、药用等价值。胡杨常绿，树型优美，是优良的行道树、庭园树树种。胡杨是绿化西北干旱盐碱地带的优良树种，对于稳定荒漠河流地带的生态平衡，防风固沙，调节气候和形成肥沃的森林土壤，具有十分重要的作用。树脂、根、花可入药。木材供建筑、桥梁、农具、家具等用。树叶富含蛋白质和盐类，乃是牲畜越冬的上好饲料；胡杨木的纤维长，又是造纸的好原料，枯枝则是上等的好燃料。

适应性：胡杨抗性强，耐旱，具有很强的耐盐能力，能抵抗风沙，保持土壤湿度。

栽培技术要点：

1. 种植地选择

胡杨多种植在盐碱地，对环境与土壤要求不严格，只要是盐碱性的沙土土壤即可。

2. 整地做床

每年5月初按亩规整土地，做大床，整平土壤。大床地块中间挖两条小沟进行灌排。小沟两侧打垂直，埂间距2~3m，最后将床面耙平。先灌水，播种前除净床面杂草。

3. 采种

胡杨种子成熟的时期，一般在6月底至7月中旬，采种较早，种子不成熟，播种存活率低；采种太晚会导致种子掉落损失。胡杨种子成熟时，果实的颜色会从浅绿色变成金黄色，且果实较尖的一头裂开，果絮随风飞扬。采种时，用高枝剪剪下树枝，摘下果实。先阴干蒴果，将其摊平放置在通风处每天翻动三四次，阴干5d左右逐渐干燥，随后打籽。将铁制纱窗架在板凳上，将蒴果平铺在纱面上，反复敲打，使种子从纱眼中脱落。随后筛去杂质，拌一半的滑石粉，在阴凉处保存。

4. 播种

播种前，需要先测试发芽率，发芽率在85%以上时，大床内播种量0.25kg。播种前先浇水，水分渗入地下3cm左右时，可以开始播种。另外，播种前，将种子在30℃温水中浸泡3h左右，之后将种子与6~7倍的细沙搅拌，均匀铺撒在床面上，等待出芽。

5. 田间管理

胡杨的生长需要充足的水分，在播种胡杨的5d后开始浇水，2d一次，且需灌清水。有杂草要拔净，且当出现锈孢子时要用粉锈宁200倍液进行消杀。胡杨生长的第2年需要进行松土除草，一般在5月进行，同时间苗，将苗距保持在100株/m²为宜。胡杨生长时多受锈病侵害，需要从6月开始喷洒加入代森锰锌的粉锈宁200倍液，当出现锈孢子后，用粉锈宁100倍液进行喷洒。此外，床内的水分需要定时排出。

6. 移植育苗和苗木出圃

当胡杨生长进入第3年后，幼苗高度达到80cm，可以移植。移植时最好先断根，以刺激胡杨侧根的发育，提高存活率。移植需先挖出深20cm左右的小沟，幼苗摆放间距15cm左右，行距50cm左右。春季时，苗高于1.5m、地径为1.5cm的胡杨苗，需要摘心。苗木达到出圃标准方可出圃造林。

7. 胡杨造林技术

胡杨造林，可栽植幼苗，也可嫁接新疆杨。

（1）栽植幼苗　需先在盐碱地开出行距为6m的沟，每隔5m种植一棵胡杨，一般每亩种植20棵左右。栽种好胡杨后，需要立即补充水分。如果种植在荒漠地带，行距和间距保持在4m为宜，一般每亩40棵。之后需要禁牧，防止胡杨被牲畜啃食破坏。

（2）嫁接新疆杨　在4月初，削取胡杨的芽，要求芽眼饱满、需带木质部，将其嫁接于新疆杨离地面 5cm 左右的位置，嫁接时用塑料薄膜条进行绑缚，将胡杨的芽露出，嫁接完成后截掉新疆杨嫁接口以上的主干。嫁接后第 2年 3 月下旬进行截砧，此时胡杨已生长至 2.5m 以上高。嫁接后的胡杨能迅速生长、快速成林。

梭 梭

梭梭，藜科，梭梭属，小乔木。

经济价值：梭梭具有生态、饲用、薪炭、药用等价值。其是一种优良的防护林材料，具有防风固沙、改良土壤、改善小气候和维持生物多样性等生态作用。梭梭的嫩枝是骆驼的好饲料，其根部可寄生中药材肉苁蓉。梭梭材质易燃而产热量高，是优良的薪炭材。梭梭可入药，具有清肺化痰，降血脂，降血压，杀菌等作用。

适应性：梭梭能适应较高的土壤矿化度，耐风沙，喜光性很强，不耐阴，抗旱力极强，喜生长在地下水位较高的固定和半固定沙地。抗盐性很强，幼树在固定半固定、土壤含盐量 0.2%~0.3% 的沙丘上生长良好，而在含盐量 0.13% 以下者反而生长不良。

栽培技术要点：

1. 采种

种子成熟期一般在 10—11 月，果实由绿色变成淡黄色或灰褐色时即可采种。新采的种子应除去果翅等，使种子纯度达到 70%~80%，含水率降低到 5% 以下，妥善保存。当年采集的种子一般在秋季或翌年春播。

2. 育苗苗圃地选择与整地

梭梭苗培育通常需建设临时苗圃，每年需更换；也可以建设固定的苗圃，但是需要布设轮换区。梭梭苗圃地应选择地势较为平整、易于灌溉、排水性较好的沙质土壤地块，以盐化不严重的沙土或细沙最为适宜，切忌黏重和排水不良的土壤。

3. 播种

通常情况下，梭梭播种主要在春季或秋季，一般选择在初春白天地表土层解冻时进行。如果种子纯度高，播种量要求为 2.5~3kg/亩；纯度较低时，需适当增加播种量。主要采取开沟条播，沟深一般在 3cm 左右，行距 30cm，播种后顺沟轻扫，要求覆土 0.5~1.0cm，不宜过厚。

4. 苗期管理

（1）灌水　梭梭在育苗阶段不能大量灌水，否则极易引发立枯病，可酌情每隔 1~2d 灌溉一次，直到出齐苗，切忌大水漫灌或苗床积水。

（2）定苗　当梭梭苗木生长较稳定时，应该尽快间苗，去弱留强。

（3）松土除草　梭梭出苗之后应适时锄草，同时根据实际情况松土保墒，松土深度通常为 3~4cm。

5. 造林地选择与整地

移栽地应选轻度盐渍化、地下水位较高、土层中含水量不低于 2% 的固定、半固定沙地、黏质、砾质的丘间低地或盐渍化沙地，要注意避开籽蒿、油蒿群落。梭梭人工造林一般采用全面整地和不完全整地两种形式。其中不完全整地包括带状整地、沟状整地和穴状整地三种形式。

6. 苗木出圃

起苗：梭梭一般于苗木休眠阶段起苗。若春季造林，起苗应按照土壤解冻的情况开展，愈早愈佳；若秋季造林，起苗则不宜太早。梭梭起苗之前适当灌溉，否则土壤太干燥，会起苗困难，造成伤根。

分级：一般应依据苗木分级的标准对起出的梭梭苗加以分级，用作造林的主要为Ⅰ、Ⅱ级梭梭苗木。

假植：梭梭苗分级之后需要假植。假植时先挖沟，沟深 20~30cm，然后将苗木斜放到沟的一旁，由沟的另一端挖湿土对根系进行掩埋，之后分层放苗并埋土压实。

7. 移栽造林

在春季或秋季土壤水分条件较好时进行移栽。造林方法以穴植为主，株、行距以 2m×2m 或 2m×3m 为宜。植苗造林所用裸根苗木要达到Ⅰ、Ⅱ级苗标准。即一年生苗木地径 0.4cm 以上、苗高 30cm 以上或冷藏苗，根系完整且经检疫无病虫害。穴坑的大小要以苗木根系舒展有余为宜，树要栽到坑的正中间，首先在挖好的坑穴中埋地表附土至 1/4 处，然后放入苗木，埋土至 3/4 处，用脚踩实，同时轻提苗木，使根系舒展，再将坑穴埋满后踩实。埋土至原土痕上 10~15cm 为宜。栽后随即灌水，如在流动沙丘上栽植要设置沙障。

8. 林木管理

（1）抚育管护　栽后必须加强保护，封闭禁牧，待五年左右，梭梭地上部分生长起来以后，方可放牧利用，随后应隔年轮牧。根据降雨情况，每年补水 2~3 次。梭梭在抚育管理方面相对容易，造林后能够保持自然生长，一般无须进行松土、锄草以及修剪等工作。

（2）病鼠害防治　梭梭主要病害是白粉病，可喷洒石硫合剂以及粉锈宁可湿性粉剂防治，持续喷 2~3 次，间隔时间 14d 左右。此外，将定植密度稍微减小，同样可以减轻病害。梭梭易发沙鼠害，需及时防治，采取科学、有效的灭鼠药剂加以灭鼠，同时应注意保护天敌。

参考文献

卜金明，王景生，2000. 盐荒地开发地肤栽培配套技术［J］. 现代农村科技（6）：8-9.

陈浩源，郭飞，2009. 罗布麻栽培技术初探［J］. 新疆农垦科技（2）：28-29.

陈莉艳，魏晓敏，张秀双，等，2012. 滨海盐碱地区罗布麻栽培技术研究［J］. 现代农村科技（2）：65-66.

陈曼，曾维银，龚攀，2005. 食用大黄栽培技术［J］. 特种经济动植物（6）：35.

陈启洁，吴姝菊，李君霞，等，2004. 紫花地丁的开发利用与栽培技术研究［J］. 国土与自然资源研究（1）：96-97.

陈挺舫，刘仙，1992. 胡枝子栽培技术及造林成效研究［J］. 林业工程学报（2）：56-58.

陈晓丽，崔旭盛，等，2012. 盐碱地苦豆子栽培技术规程［J］. 中国现代中药，14（4）：43-44.

陈叶，2002. 苣荬菜的利用价值及栽培［J］. 特种经济动植物（9）：34-35.

程子卿，2011. 胡枝子栽培技术［J］. 中国西部科技，10（17）：46.

邓运川，宗川，2009. 蜀葵的栽培管理［J］. 中国花卉园艺（12）：21-22.

丁飞，2010. 药用植物仙鹤草规范化栽培技术［J］. 现代农业（10）：12.

丁乡，2003. 远志的栽培技术［J］. 农村科学实验（4）：25.

范瑞红，栾连航，刘邦，等，2010. 黄芪栽培技术［J］. 中国林副特产（2）：44-46.

范艳霞，王俊国，张荣梅，2011. 北方旱地千屈菜的繁殖栽培及应用［J］. 绿化与生活（1）：33.

冯占亭，冯占强，2004. 文冠果栽培技术 [J]. 林业科技通讯 （10）：103-104.

高登义，1991. 柠条的栽培与利用 [J]. 草与畜杂志 （4）：23-24.

桂炳中，高惠茹，刘雪云，2015. 华北地区大叶醉鱼草栽培管理 [J]. （22）：49.

郭春秀，万国北，刘淑娟. 不同种源梭梭栽培试验与生长特性研究 [J]. 甘肃林业科技 （1）：7-11.

何冬梅，2004. 羊草的栽培与利用 [J]. 当代畜禽养殖业 （6）：32-33.

洪立洲，周春霖，王茂文，等，2003. 碱蓬人工栽培技术 [J]. 中国蔬菜 （3）：52.

扈顺，王勇，刘亚斌，等，2015. 无公害沙蓬人工驯化栽培技术 [J]. 内蒙古农业科技 （6）：125-126.

黄丽鹏，2012. 碱蓬栽培对内陆盐碱干湖盆治理的生态效益分析 [D]. 呼和浩特：内蒙古师范大学.

吉志军，唐运平，张志扬，等，2006. 不同基底处理下碱蓬种植对滨海盐渍土的改良与修复效应初探 [J]. 南京农业大学学报，29 （1）：138-141.

蒋允贤，1988. 玄参栽培管理技术 [J]. 中国中药杂志，13 （5）：17.

金岳鹏，2007. 大黄栽培技术 [J]. 种子世界 （12）：48-49.

雷红松，2005. 青蒿栽培技术 [J]. 特种经济动植物 （6）：23-24.

李德利，2000. 乌拉尔甘草栽培技术要点 [J]. 北京农业 （11）：32-33.

李洪山，邵荣，封功能，等，2017. 沿海滩涂"景观型"盐地碱蓬栽培技术规程 [J]. 现代园艺 （6）：61.

李建永，2017. 北方地区冰菜温室大棚越冬高效栽培技术 [J]. 北方园艺 （7）：64-65.

李敬，王晶，郭海滨，2014. 辽宁地区黄蜀葵栽培技术 [J]. 北方园艺 （13）：152.

李凯峰，王丽，武雪冬，等，2011. 柽柳栽培技术及其效益浅析 [J]. 中国西部科技，10 （31）：42-43.

李丽，曾林，2017. 紫穗槐栽培技术及应用 [J]. 现代农村科技 （3）：36.

李小平，朱培林，曾志斌，等，2006. 车前栽培技术及相关研究进展 [J].

江西林业科技（4）：44-48.

李旋，2016. 胡枝子栽培经营技术模式 [J]. 现代农村科技（7）：32-33.

李彦辉，张妍，刘志林，2006. 蛇莓引种栽培及其生态特性研究 [J]. 河北林果研究，21（3）：276-277.

李忠贤，薛志有，高桂生，2004. 苣荬菜及其栽培技术 [J]. 中国蔬菜，1（1）：54.

梁明哲，2013. 杞柳栽培技术 [J]. 辽宁林业科技（1）：58-59.

林泮君，2003. 蒲公英栽培要点 [J]. 南方园艺（1）：31.

林晓凤，2016. 阿勒泰荒滩野生黑果枸杞栽培技术 [J]. 农村实用科技信息（9）：32.

林学政，沈继红，刘克斋，等，2005. 种植盐地碱蓬修复滨海盐渍土效果的研究 [J]. 海洋科学进展，23（1）：65-69.

刘春杰，2007. 野生白刺人工栽培技术及开发利用探讨 [J]. 防护林科技（5）：115-116.

刘德梅，马玉寿，张德罡，等，2009. 封育对"黑土滩"垂穗披碱草栽培草地群落结构和特征的影响 [J]. 草业科学（10）：63-70.

刘广军，1996. 野生地被植物马蔺的栽培技术及应用 [J]. 吉林蔬菜（1）：27.

刘桂荣，孟飞，何亮，等，2014. 河西走廊白刺接种锁阳栽培技术 [J]. 农业科技与信息（13）：34-35.

刘国红，2015. 白蜡栽培技术综述 [J]. 中国农业信息（8）：104-105.

刘汉珍，张树杰，2003. 远志的人工栽培技术 [J]. 中国野生植物资源，22（1）：55-56.

刘鸿岩，杜竹静，姜圣美，2009. 沙枣栽培技术 [J]. 现代农业科技（5）：37.

刘敏学，2006. 珍贵树种紫穗槐栽培技术 [J]. 中国林副特产（1）：38.

刘鹏，田长彦，2007. 盐分、温度对猪毛菜种子萌发的影响 [J]. 干旱区研究（4）：92-97.

刘善新，1991. 红花栽培与管理 [J]. 特产研究（3）：52-53.

刘世增，2006. 甘肃沙葱生理生态特性及栽培技术试验研究 [D]. 兰州：甘肃农业大学.

刘永博, 2001. 肉苁蓉栽培与管理 [J]. 特种经济动植物 (8): 22-23.

刘玉新, 于德花, 常尚连, 2010. 黄河三角洲盐渍土罗布麻栽培技术 [J]. 湖北农业科学 (9): 137-138.

刘长武, 2017. 千屈菜栽培与应用 [J]. 特种经济动植物 (7): 34-35.

陆炳章, 许慰暌, 1964. 耐盐绿肥——田菁栽培研究 [J]. 中国农业科学, 5 (9): 51-53.

逯海龙, 韩义欣, 任涛, 等, 2007. 栽培河套大黄根、茎、叶中游离蒽醌类成分的含量分析 [J]. 药物分析杂志 (10): 1 610-1 613.

罗天虎, 冯天梅, 虎晓梅, 等, 2004. 板蓝根栽培技术要点 [J]. 甘肃农业科技 (10): 53-54.

吕伍民, 屠均会, 黄美亮, 等, 2009. 苦豆子地膜覆盖栽培技术 [J]. 农村科技 (11): 49.

吕艳, 谭晶军, 方芳, 等, 2010. 红王子锦带的繁殖栽培技术 [J]. 中国园艺文摘 (10): 138-139.

马成亮, 2004. 地肤的栽培技术 [J]. 特种经济动植物, 7 (2): 39.

马成亮, 2003. 籽粒苋栽培与利用的研究 [J]. 潍坊学院学报, 3 (4): 1-2.

马成亮, 2002. 紫花地丁的栽培及利用价值 [J]. 特种经济动植物, 5 (2): 19.

马其东, 叶建敏, 2001. 紫花苜蓿栽培管理技术 [J]. 中国奶牛 (2): 23-25.

马永婷, 2014. 蛇莓的栽培技术与园林应用 [J]. 南方农业 (12): 4-5.

马玉寿, 郎百宁, 英陶, 1995. 柴达木盆地次生盐渍化弃耕地沙打旺栽培技术调查 [J]. 青海畜牧兽医杂志 (3): 52-54.

孟宪宝, 2011. 优质饲草羊草栽培技术 [J]. 黑龙江畜牧兽医 (13): 103-104.

苗万波, 戴续红, 2009. 籽粒苋栽培技术 [J]. 中国林副特产 (3): 72.

牛颖, 柴永江, 亢彦青, 等, 2006. 文冠果栽培技术 [J]. 内蒙古林业调查设计, 29 (6): 29-30.

潘安中, 谢树莲, 张灯, 等, 2007. 中药黄芪栽培技术研究 [J]. 山西农业科学 (1): 53-57.

邱进强，方向毅，李栋栋，等，2018. 民勤县干旱沙区枣树林下间作沙葱栽培关键技术 [J]. 现代园艺 (16)：49.

任玉民，赵岩，魏晓敏，1989. 辽宁省盐碱地区地肤子的栽培及其发展前途 [J]. 北方水稻 (1)：34-37.

尚文艳，许志兴，金哲石，等，2013. 决明子种植密度研究 [J]. 北方园艺 (22)：167-169.

佘国铖，张学华，2016. 宁蒗县苦荞麦栽培技术及发展利用 [J]. 农业与技术 (21)：113-114.

沈素莲，王丽琴，祁美丽，等，2012. 互叶醉鱼草的繁殖及栽培技术 [J]. 现代农业 (7)：15.

石金兰，2015. 黑果枸杞的栽培技术 [J]. 农业科技与信息 (5)：62-63.

时丽冉，牛玉璐，李明哲，等，2010. 苣荬菜对盐胁迫的生理响应 [J]. 草业学报，19 (6)：272-275.

宋秀英，乔永刚，2004. 药食观赏兼用巨大型蒲公英栽培技术 [J]. 北方园艺 (2)：26-27.

苏敬龙，2004. 红花栽培的关键技术 [J]. 林业科技通讯 (10)：31-32.

苏馨花，刘君，马婷婷，2008. 四翅滨藜栽培管理应用技术 [J]. 中国林业 (12)：63.

孙得祥，2010. 民勤沙区梭梭人工接种肉苁蓉栽培技术 [J]. 甘肃林业科技，35 (2)：60-62.

孙鸿良，2003. 籽粒苋栽培技术 [J]. 中国畜牧业 (5A)：52-53.

孙中，魏美荣，李霞，2003. 万寿菊栽培技术 [J]. 现代农业 (7)：18-19.

唐永祝，2018. 决明子种植技术 [J]. 特种经济动植物 (9)：36.

唐征，张小玲，刘庆，等，2005. 食用菊花高产栽培技术研究 [J]. 温州农业科技 (1)：11-13.

田秀英，张建虎，马晓伟，2015. 露地沙葱栽培技术 [J]. 现代农业 (8)：11-12.

王东，曹新成，李富先，等，2004. 地下滴灌苜蓿栽培的试验效果分析 [J]. 新疆农垦经济 (5)：65-66.

王宏国，郭玉海，2012. 肉苁蓉栽培技术研究进展 [J]. 北方园艺 (1)：

191-195.

王宏宁，高德武，2010. 优良防风治沙经济植物沙枣高产栽培技术 [J]. 水土保持应用技术 (3)：30-31.

王嘉怡，许贵红，黄凡风，等，2017. 田菁栽培管理技术 [J]. 中国园艺文摘 (6)：173-174.

王建国，毛立谦，邓景丽，等，2011. 马蔺繁殖与栽培技术 [J]. 宁夏农林科技，52 (3)：82, 93.

王建林，崔国忠，2004. 四翅滨藜的引种试验及栽培技术研究 [J]. 防护林科技 (s1)：27-29.

王景志，1997. 柽柳育苗栽培技术 [J]. 林业实用技术 (1)：38.

王丽莉，2013. 柠条栽培的功能效应及关键技术 [J]. 现代农业科技 (7)：186-187.

王明珍，2007. 滨海盐碱地白蜡的栽培与病虫害防治 [J]. 农技服务 (8)：45.

王秋萍，2003. 远志栽培技术 [J]. 农家参谋 (5)：20.

王荣军，2013. 干旱地区刺槐栽培技术 [J]. 现代农业科技 (21)：187.

王宪志，2009. 玄参栽培技术 [J]. 现代农业 (10)：12.

王耀民，黄俊梅，2008. 互叶醉鱼草栽培技术 [J]. 农村科技 (10)：72.

王玉霞，2012. 苣荬菜人工露地栽培技术 [J]. 北方园艺 (18)：82-83.

王兆卿，李聪，苏加楷，2001. 野生与栽培型沙打旺品质性状比较 [J]. 草地学报，9 (2)：133-136.

魏彦波，范阿南，王立刚，等，2009. 四翅滨藜抗盐性的研究 [J]. 吉林林业科技，38 (4)：13-16.

吴凤声，1994. 毛苕子高产栽培技术 [J]. 农业科技通讯 (6)：31-32.

吴刚，2010. 野生苦豆子人工栽培技术 [J]. 新疆农业科技 (5).：17-18.

吴绍凤，2019. 杞柳栽培技术及病害防治措施研究 [J]. 花卉 (14)：273-274.

武艳岑，宋利和，2012. 红王子锦带栽培技术 [J]. 现代化农业 (7)：27-28.

肖述文，2004. 色素万寿菊栽培技术 [J]. 中国农村科技 (9)：25-26.

邢尚军，薄其祥，吕雷昌，等，2000. 滨海重盐碱地白刺耐盐性及其栽培

技术研究 [J]. 山东林业科技（2）：7-11.

熊德邵，2002. 加强小冠花与沙打旺栽培利用研究的意见 [J]. 中国畜牧业（2）：64-65.

熊志凡，2004. 草决明高产栽培技术 [J]. 农村实用技术（10）：22-23.

徐本美，孙运涛，孙超，等，2003. 紫花地丁种子的萌发性状及其栽培繁殖 [J]. 种子（5）：24-25.

许爱理，2014. 几种蒿属植物耐盐性及再生技术研究 [D]. 南京农业大学.

薛琴芬，李红梅，许家隆，等，2009. 玄参栽培管理及病虫害防治 [J]. 特种经济动植物（4）：37-38.

杨彬，2011. 红王子锦带引种栽培及推广应用研究 [J]. 新疆林业（2）：21-22.

杨宏昕，张春霞，魏慧，等，2015. 黄芪栽培研究进展 [J]. 临床合理用药杂志（2）：180-181.

杨惠，2018. 祁连山浅山区野生黑果枸杞引育栽培技术 [J]. 中国园艺文摘，34（3）：225-226.

杨克亮，王晓锋，王志汉，2013. 马蔺栽培技术 [J]. 甘肃林业（1）：36-37.

杨薇靖，王兴政，2013. 定西半干旱区板蓝根栽培技术 [J]. 甘肃农业科技（8）：66-67.

杨晓，胡尚钦，江怀仲，等，2001. 板蓝根种植效益与栽培技术 [J]. 四川农业科技（9）：23.

叶嘉，付伟，王福明，等，2008. 蛇莓的引种栽培技术及园林应用 [J]. 邯郸学院学报，18（3）：95-98.

俞腾飞，朱惠珍，1992. 骆驼蓬的研究概况 [J]. 现代药物与临床（3）：104-107.

俞晓艳，张光弟，冯晓容，等，2006. 千屈菜的引种栽培试验 [J]. 宁夏农林科技（1）：13-14.

俞益民，1995. 宁夏盐碱地枸杞栽培技术及研究成果 [J]. 内蒙古林业（3）：28.

张慧臻，周成明，2006. 乌拉尔甘草栽培 [J]. 新疆农垦科技（1）：14.

张丽红，2006. 食用菊花栽培技术 [J]. 北京农业，22（5）：8.

张鹏，刘继生，金春德，等，2002. 刺槐栽培与利用研究概况［J］. 延边大学农学学报（3）：69-73.

张树宝，孙宗全，2001. 万寿菊栽培管理技术［J］. 中国林副特产（4）：28-29.

张文超，侯利，段小娟，2004. 红花栽培技术［J］. 农业科技与信息（4）：20.

张雪艳，郜玉田，2004. 抗旱耐盐碱、粮草兼收作物新品种——谷稗［J］. 当代畜禽养殖业（12）：20-21.

张艳萍，柴秀萍，孙慧琴，2018. 苗木根系的不同处理对民勤旱沙区黑果枸杞栽培成活率及生长量的影响［J］. 林业科技通讯（2）：28-29.

张珍荣，吴荣娜，2010. 沙枣树的栽培技术［J］. 新疆农业科技（5）：30.

张珍荣，吴荣娜，2010. 梭梭人工栽培技术［J］. 新疆农业科技（4）：60-61.

赵安平，赵秀平，2009. 胡杨树在黄河口盐碱地适应性研究［J］. 科技信息（5）：365.

赵萍，杨媛，杨明君，等，2011. 苦荞麦高产栽培最佳配方研究［J］. 北方农业学报（1）：48.

郑青松，华春，董鲜，等，2008. 盐角草幼苗对盐离子胁迫生理响应的特性研究（简报）［J］. 草业学报，17（6）：164-168.

周旺才，陈贵红，2004. 新疆乌拉尔甘草栽培技术［J］. 农业科技与信息（5）：47.

周宇，陈丽娟，2013. 浅谈碱茅的栽培技术［J］. 中国畜禽种业，9（12）：30.

朱一丹，郭子卿，周秦，等，2017. 浙中地区非洲冰菜栽培管理技术［J］. 上海蔬菜（1）：23-24.

朱英华，2004. 披碱草的栽培和利用［J］. 现代农村科技（9）：8.

碱蓬　　　　　　　　　　蒙古韭（沙葱）

冰菜　　　　　　　　　　地肤

沙蓬　　　　　　　　　　猪毛菜

苣荬菜　　　　　　　　　蒲公英

千屈菜

沙枣

白刺

苦豆子

骆驼蓬

柽柳

枸杞　　　　　　　　　　　　　　　黑果枸杞

苦荞麦　　　　　　　　　　　　　　紫花地丁

车前　　　　　　　　　　　　　　　草决明

食用菊花　　　　　　　　　　　　　肉苁蓉

锁阳 玄参

远志 黄芪

河套大黄 乌拉尔甘草

红花　　　　　　　　　　　　板蓝根

龙芽草　　　　　　　　　　　蛇莓

青蒿　　　　　　　　　　　　罗布麻

沙打旺　　　　　　　　　　　羊草

田菁

披碱草

马蔺

谷稗

毛苕子

苜蓿

籽粒苋

沙蒿

四翅滨藜　　　　　　　　　　　胡枝子

柠条　　　　　　　　　　　紫穗槐

碱茅　　　　　　　　　　　文冠果

盐角草　　　　　　　　　　　杞柳

蜀葵

万寿菊

醉鱼草

白蜡

红王子锦带

刺槐

梭梭

胡杨